FORSCHUNGSBERICHTE DES LANDES NORDRHEIN-WESTFALEN

Nr. 2438

Herausgegeben im Auftrage des Ministerpräsidenten Heinz Kühn
vom Minister für Wissenschaft und Forschung Johannes Rau

Prof. Dr.-Ing. Günter Dittrich
Dr.-Ing. Norbert Thünker
Dipl.-Ing. Wolfgang Unger

Institut für Getriebetechnik und Maschinendynamik
der Rhein.-Westf. Techn. Hochschule Aachen

Optimierung kinematischer Eigenschaften von ebenen Kurbelgetrieben unter Einsatz eines Digigraphic-Bildschirm-Systems

Westdeutscher Verlag 1975

© 1975 by Westdeutscher Verlag GmbH, Opladen
Gesamtherstellung: Westdeutscher Verlag

ISBN-13: 978-3-531-02438-7   e-ISBN-13: 978-3-322-88262-2
DOI: 10.1007/978-3-322-88262-2

Inhalt	Seite
1. Einleitung	1
2. Aufgabenstellung	2
3. Programmsystem LAZVEK	5
3.1 Das aktive Bildschirmsystem der RWTH Aachen	5
3.2 Die Programmstruktur	7
3.3 Die Beschreibung der Optimierungsprogramme	15
3.3.1 Die Programme FG LGN A und FG LGN B	15
3.3.2 Die Programme FG PKT A und FG PKT B	27
3.3.3 Das Programm UG PKT	39
3.3.4 Das Programm UG FTN	44
3.3.5 Das Programm UG LGN	48
3.4 Die Anpassung besonderer Aufgabenstellungen an die Optimierungsprogramme	51
4. Beispiel eines Programmablaufes	60
5. Ausblick	78
6. Literatur	81

1. Einleitung

Der Automatisierungsgrad im Fertigungsbereich ist während der letzten Jahre in vielen Produktionszweigen so gesteigert worden, daß hier durch Rationalisierungsmaßnahmen Kosteneinsparungen nicht mehr in dem bisherigen Ausmaß zu erwarten sind. Vielversprechender sind dagegen neuere Bestrebungen, den Konstruktionsbereich auf Rationalisierungsmöglichkeiten hin zu überprüfen. Eine Zeitanalyse der Konstruktionstätigkeiten zeigt, daß neben den manuellen Zeichnungserstellungs- und Zeichnungsänderungsarbeiten (ca. 37 % der Gesamt-Konstruktionszeit) [1] die eigentliche ingenieurmäßige Entwurfsarbeit einschließlich der Zeit zum Einholen von Informationen 32 % der Gesamt-Konstruktionszeit in Anspruch nimmt.

Unter dem Zeitdruck, dem der Konstrukteur bei Entwicklungsarbeiten oder Neukonstruktionen infolge des ständig wachsenden Firmenkonkurrenzkampfes ausgesetzt ist, wird es immer schwieriger, geeignete oder sogar optimale Lösungen hinsichtlich der Erfüllung der technischen Funktionen zu finden. Für Literaturstudium und Vorversuche bleibt nicht die erforderliche Zeit. Das führt dazu, daß Entwicklungsarbeiten abgebrochen werden, sobald die gestellte Aufgabe von einer Funktionseinheit annähernd erfüllt wird. Bei einer späteren Verschärfung der Betriebsbedingungen, z. B. durch Erhöhung der Antriebsdrehzahl, zeigt es sich häufig, daß die unter Zeitdruck entwickelten Funktionseinheiten zuerst ausfallen und den Konstruktionsbereich erneut belasten. Es stellt sich also die Aufgabe, bei Konstruktions- und Entwicklungsarbeiten nach Hilfsmitteln zu suchen, die bei gleichem oder sogar verringertem Zeitaufwand bessere Lösungen anbieten. Da im Konstruktionsbereich technisch und theoretisch geschulte Fachkräfte eingesetzt sind, erscheint es sinnvoll, Hilfsmittel heranzuziehen, die zwar an den Benutzer gehobene Anforderungen in der Handhabung stellen, ihn aber gleichzeitig von Routinearbeiten entlasten und bei der ingenieurmäßigen Arbeit unterstützen. Als geeignete Hilfsmittel erweisen sich in zunehmendem Maße die Computer, und zwar vorrangig solche, die einen Dialog zwischen Mensch und Rechner zulassen. Dieser Dialogverkehr zeigt sich vor allem dort angebracht, wo umfangreiches theoretisches Fachwissen mit langjähriger Konstruktionserfahrung kombiniert werden muß.

Ein Anwendungsfall, bei dem theoretisches Fachwissen und Konstruktionserfahrung gleichwertige Voraussetzungen für das Auffinden geeigneter Lösungen sind, ist die Getriebesynthese. Im Rahmen dieses Forschungsprojektes werden der Aufbau, die theoretischen Grundlagen und die Benutzung eines Programmsystems erläutert, das - ausgehend von Aufgabenstellungen aus dem Bereich der Lagenzuordnung - die Synthese von viergliedrigen ebenen Kurbelgetrieben gestattet.

Bei der Bearbeitung des Themas standen die im Rechenzentrum der RWTH Aachen installierten Anlagen CD 1700 mit aktiver Bildschirmeinheit und der Großrechner CD 6400 zur Verfügung.

2. Aufgabenstellung

Kurbelgetriebe erfüllen eine Vielzahl technischer Aufgaben: Die Bewegungsabläufe in einer Verpackungsmaschine, die Bahn des Fadengebers einer Nähmaschine, Antriebe für Werkzeugmaschinen, Schalt-, Rast- und Proportionalgetriebe, die Bewegung eines Garagentores in vorgeschriebene Lagen, Getriebe zur Erzielung von Weg- (bzw. Winkel-) Zeit-Funktionen verschiedenster Art seien als Beispiele angeführt [2 bis 6].

Jedes getriebetechnische Problem sollte durch ein möglichst einfaches Getriebe gelöst werden, um die Herstellungskosten, Wartungsarbeiten und eventuell anfallende Reparaturkosten gering zu halten. Aus fertigungstechnischen Gründen werden im allgemeinen Kurbelgetriebe den Kurvengetrieben vorgezogen, obwohl die Kurvengetriebe fast unbegrenzte Funktionsmöglichkeiten bieten und ihre Synthese problemlos ist [7; 8].

Die Funktion, die ein Getriebe erfüllt, ist hier nicht als mathematische Funktion zu verstehen, sondern als technische Funktion, die durch eine Aufgabenstellung beschrieben wird. Eine Aufgabenstellung kann

    a) kinematische Forderungen,
    b) Forderungen hinsichtlich Platzbedarf etc.,
    c) dynamische Forderungen und
    d) Forderungen hinsichtlich Laufgüte, Uebertragungswinkel [9; 10] etc.

enthalten. Im folgenden sollen dynamische Forderungen aus den Aufgabenstellungen ausgeklammert bleiben. Hauptsächlich sollen kinematische Forderungen erfüllt werden, die ganz allgemein folgendermaßen lauten:

> Ein Getriebeglied oder ein Punkt eines Getriebegliedes ist durch vorgegebene Lagen oder auf vorgegebenen Bahnen in einer Ebene zu führen.

Solche Aufgaben können in verschiedenen - durch die Anzahl der vorgeschriebenen Glied- oder Punktlagen festgelegten - Schwierigkeitsgraden vorliegen.

Ziel der vorliegenden Arbeit ist, solche Aufgaben mit Hilfe viergliedriger ebener Kurbelgetriebe zu erfüllen. Dabei können nur solche Funktionen exakt realisiert werden, die sich auf eine bestimmte Anzahl von vorgegebenen Lagen beschränken. Für umfassendere Aufgabenstellungen können nur optimale aber keine exakten Lösungen gefunden werden.

Getriebeatlanten [2;11], Koppelkurvenatlanten [12] und eine große Anzahl von Veröffentlichungen über mehr oder weniger spezielle Anwendungsmöglichkeiten der ebenen viergliedrigen Kurbelgetriebe [4;13 bis 18] (es kann hier nur eine kleine Auswahl der vorliegenden Literatur angegeben werden) geben eine Vorstellung davon, welche Möglichkeiten schon das einfachste ebene Kurbelgetriebe bietet. Viele Aufgaben, die durch ein viergliedriges Kurbelgetriebe zu lösen wären, werden in der Praxis jedoch durch erheblich aufwendigere Getriebe realisiert, da die Synthese - d.h. die Ermittlung des geeigneten viergliedrigen Kurbelgetriebes - noch keineswegs vollkommen beherrscht wird.

Ein Kurbelgetriebe mit mehr als vier Getriebegliedern gestattet es theoretisch, weit mehr Forderungen in der Aufgabenstellung zuzulassen, da mehr frei wählbare Getriebeparameter vorliegen. Die Synthese solcher Getriebe gelingt aber bisher nur in Sonderfällen, wenn z.B. der wesentliche Teil der Aufgabe durch ein viergliedriges Kurbelgetriebe erfüllt wird, dem weitere Getriebeglieder angeschlossen werden, wie an den Beispielen "Koppelkurvenrastgetriebe" [19] oder "Koppelkurvengesteuertes Malteserrad" [20] deutlich wird. Die Synthese von mehrgliedrigen Kurbelgetrieben kann also in manchen Fällen auf die Synthese eines viergliedrigen Kurbelgetriebes reduziert werden. Wenn das nicht möglich ist, dann werden neue und sicherlich sehr aufwendige Lösungsverfahren erforderlich.

Zunächst gilt es jedoch, die volle Funktionsbreite der viergliedrigen Kurbelgetriebe auszunutzen, indem man deren Synthese zuverlässig und praktikabel beherrscht. Die vorliegende Arbeit stellt ein Programmsystem vor, mit dem für eine Vielzahl der technischen Funktionen, die ein viergliedriges ebenes Kurbelgetriebe zu erfüllen vermag, Lösungswege beschritten werden können. Die Brauchbarkeit der verschiedenen Lösungsverfahren wurde an vielen Beispielen erprobt und wird in Abschnitt 4. an einem Beispiel demonstriert.

Zur Vermeidung von wiederholten Beschreibungen kinematischer Größen des ebenen viergliedrigen Kurbelgetriebes werden die allgemein gültigen Bezeichnungen und Kennzeichnungen vorausgeschickt.

Die in Bild 1 eingetragenen Bezeichnungen bedeuten:

1, 2, 3, 4	- Gliedebenen
Glied 1	- Antriebsglied (i. allg. Kurbel)
Glied 2	- allgemein bewegtes Glied (Koppel)
Glied 3	- Abtriebsglied
Glied 4	- Gestell
$l_1 \div l_4$	- Gliedlängen
A_o, A, B_o, B	- Gelenkpunkte
C	- Koppelpunkt
φ	- Antriebswinkel
ψ	- Abtriebswinkel
γ, γ^*	- Koppelwinkel
μ	- Uebertragungswinkel
x, y	- ortsfestes Koordinatensystem
ξ, η	- mit der Koppel bewegtes Koordinatensystem
u, v	- Koordinaten des Koppelpunktes C

Weitere Kennzeichnungen:

$\overline{AC}$	- Abstand zwischen den Punkten A und C
AC	- Gerade durch die Punkte A und C

$S_i, T_i, U_i, V_i \ (i = 1 \div 5)$ - Burmestersche Kreispunkte
S_o, T_o, U_o, V_o - Burmestersche Mittelpunkte
$\vec{e}_x, \vec{e}_y, \vec{e}_\xi, \vec{e}_\eta$ - Einheitsvektoren

Alle anderen verwendeten Bezeichnungen werden im Text ausführlich erläutert.

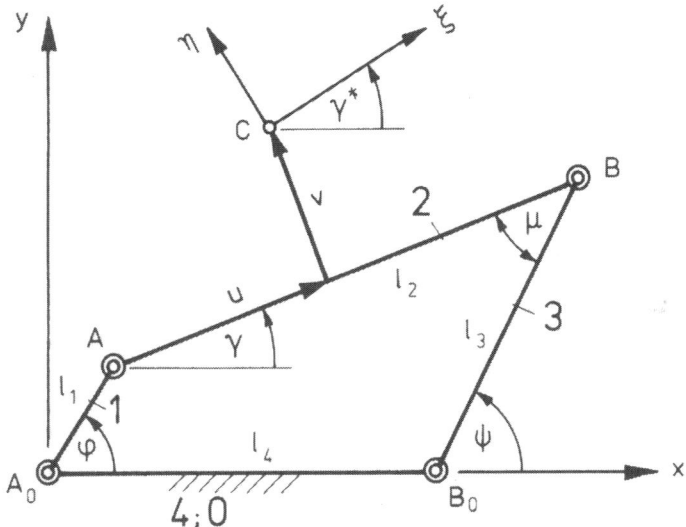

Bild 1: Viergliedriges Kurbelgetriebe (Kurbelschwinge)

3. Programmsystem LAZVEK

LAZVEK (Lagenzuordnung viergliedriger ebener Kurbelgetriebe) ist ein für den Einsatz am aktiven Bildschirm entwickeltes Programmsystem. Es führt den Benutzer im Dialog mit dem Rechner von einer Aufgabenstellung aus dem Bereich der Lagenzuordnung systematisch zu einem optimal ausgelegten, viergliedrigen ebenen Kurbelgetriebe.

Im folgenden werden die Besonderheiten der benutzten Rechenanlage, der Aufbau des Programmsystems, die behandelten Aufgabenstellungen und die Grundlagen der einzelnen Optimierungsprogramme ausführlich beschrieben.

3.1 Das aktive Bildschirmsystem der RWTH Aachen

Im Rechenzentrum der RWTH Aachen befindet sich eine Rechenanlage mit angeschlossener aktiver Bildschirmeinheit, deren Anordnung aus Bild 2 ersichtlich wird [21;22].

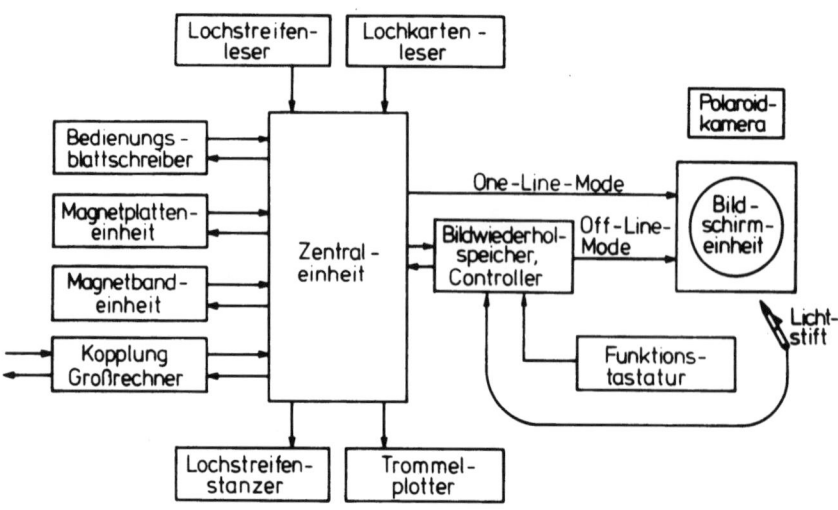

Bild 2 : Schema des Rechner-Bildschirm-Systems der
RWTH Aachen

Kernstück der Rechenanlage ist die Zentraleinheit, ein Prozeßrechner mit einem Kernspeicher von 32 K à 16 bit Worten und einer Zykluszeit von 1,1 µs.

Die aktive Bildschirmeinheit ist über einen Bildwiederholspeicher mit der Zentraleinheit verbunden und läßt auf einer Kreisfläche vom Durchmesser 510 mm neben der graphischen Ausgabe auch die graphische Eingabe von Informationen mittels eines Lichtstiftes zu. Programmverzweigungen können auch durch die Funktionstastatur gesteuert werden.

Von den Peripheriegeräten ist die Magnetplatteneinheit besonders zu erwähnen. Die Speicherkapazität der Magnetplatte umfaßt mit $2,5 \cdot 10^6$ 16-bit-Wörtern ein Vielfaches der des Kernspeichers der Zentraleinheit. Neben der Speicherung der Systemroutinen bleibt genügend Speicherraum zur Aufbewahrung von in sich abgeschlossenen Teilprogrammen, sogenannten Overlays, die bei Bedarf in den Kernspeicher übertragen und unmittelbar gestartet werden können. Somit ergibt sich die Möglichkeit, umfangreiche Programme, die in Overlays zerlegbar sind, zügig in Teilschritten abzuarbeiten.

Die manuelle Steuerung der gesamten Anlage erfolgt über einen B e -
d i e n u n g s b l a t t s c h r e i b e r . Während des Programmablaufs dient er
zusätzlich zur Ein- und Ausgabe von Daten und zur Ausgabe von Fehler-
meldungen.

Zur Dokumentation von Bildschirminformationen sind ein Trommelplotter
und eine Polaroidkamera vorhanden.

Weiterhin umfaßt die Anlage Peripheriegeräte wie Magnetbandeinheit,
Lochstreifenleser sowie -stanzer und Kartenleser. Für rechenzeitinten-
sive Programme sei noch auf die Möglichkeit der Koppelung zwischen
Großrechner und Bildschirmanlage hingewiesen.

3.2 Die Programmstruktur

Im Bild 3 ist die Struktur des Programmsystems LAZVEK schematisch
dargestellt. Durchläuft man das Schema von links nach rechts, so gelangt
man von der Aufgabenstellung "Lagenzuordnung" über jede Verzweigungs-
möglichkeit zu dem Endergebnis "Abmessungen des viergliedrigen ebenen
Kurbelgetriebes".

Die linke Hälfte, der Aufgabenteil, befaßt sich mit der genauen Beschreibung der Aufgabenstellung. Ueber verschiedene, hintereinandergeschal-
tete Alternativen gelangt man schließlich zu einem klar umrissenen Aufgabentyp.

Die rechte Hälfte nennt verschiedene Namen von Programmen (UG LGN,
UG FTN, UG PKT, FG LGN A, FG LGN B, FG PKT A und FG PKT B),
die für die Aufgabenstellungen geeignete Lösungen suchen.

Wie das Schema zeigt, lassen sich häufig mehrere Aufgabenstellungen mit
einem Optimierungsprogramm behandeln. Ist das Lösungsverfahren nicht
unmittelbar auf einen Aufgabentyp anwendbar, so sind Zwischenschritte
einzufügen, die die Eingabeparameter der Aufgabenstellung in die vom
Programm geforderten Eingabedaten umrechnen (ZS1, ZS2, ZS3, ZS4).
Gibt das angesprochene Optimierungsprogramm nur eine Teillösung an,
so kann mit Hilfe von Zusatzprogrammen (FG PKT B) oder mit Zwischen-
schritten (ZS5, ZS6, ZS7) und eventuell erneuter Anwendung eines Opti-

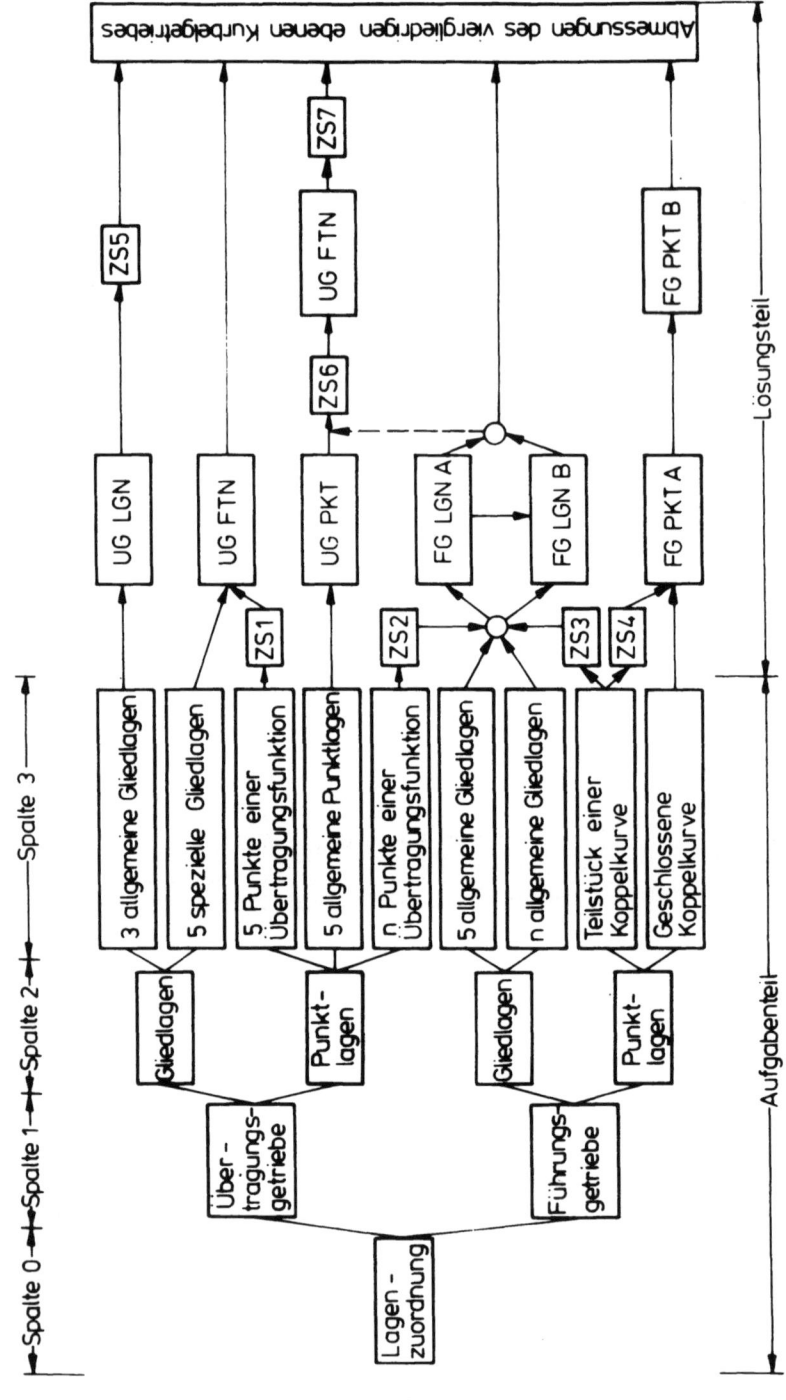

Bild 3

mierungsprogrammes (UG FTN) schließlich das Endergebnis erzielt werden.

Die Zuordnung zwischen Aufgabentyp und Optimierungsprogramm erfolgt mit Hilfe eines Klassifizierungssystems. Zu diesem Zweck wurde der Aufgabenteil in Spalten aufgeteilt. In jeder Spalte sind unterschiedliche Alternativen nach steigender Ziffernfolge numeriert. In Spalte 1 erhält die Alternative "Uebertragungsgetriebe" die Ziffer 1, "Führungsgetriebe" die Ziffer 2, in Spalte 2 "Gliedlagen" die Ziffer 1, "Punktlagen" die Ziffer 2 usw. Kennzeichnet man die verschiedenen Aufgabentypen mit den bis zur dritten Spalte festgelegten Klassifizierungsnummern, so erleichtert sich programmtechnisch die Zuordnung des einzusetzenden Lösungsverfahrens. Beispielsweise charakterisiert die Klassifizierungsnummer 1122 die Aufgabenstellung, ein Uebertragungsgetriebe zu suchen, das 5 antriebsbezogene Punktlagen verwirklicht. Das Programm UG PKT löst den ersten Teil dieser Aufgabe. Programmtechnisch gesehen heißt dies: der Aufgabentyp 1122 hat den Programmaufruf UG PKT zur Folge.

Bevor in Abschnitt 3.3 ausführlich auf die verwendeten Optimierungsprogramme eingegangen wird, sind einige Begriffe des Aufgabenteils zu erläutern.

Bei der Bewegung von Getriebegliedern oder Gliedpunkten auf vorgeschriebenen Bahnen oder durch einzelne vorgegebene Lagen sind folgende zwei Funktionstypen zu unterscheiden:

a) Führungsgetriebe

Besteht die Forderung, vorgeschriebene Ebenen- oder Punktlagen zu durchlaufen, ohne daß weitere Bedingungen einzuhalten sind, so spricht man von einem F ü h r u n g s g e t r i e b e.

Beispiel: Garagentor (Bild 4)

b) Uebertragungsgetriebe

Besteht die Forderung, vorgegebene Ebenen- oder Punktlagen zu durchlaufen, wobei außerdem zwischen den einzelnen Lagen vorgeschriebene Winkelschritte des Antriebsgliedes einzuhalten sind, so spricht man von einem U e b e r t r a g u n g s g e t r i e b e. Beim Antrieb mit konstanter Winkelgeschwindigkeit können die Winkelschritte auch durch Zeitintervalle ersetzt werden (Antriebszuordnung).

Beispiel: Rastgetriebe (Bild 5)

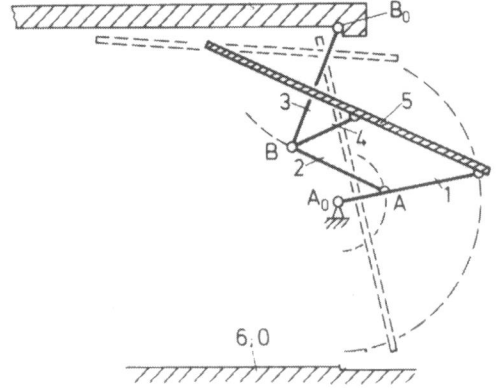

Bild 4:

6-gliedriges Führungsgetriebe für ein Garagentor

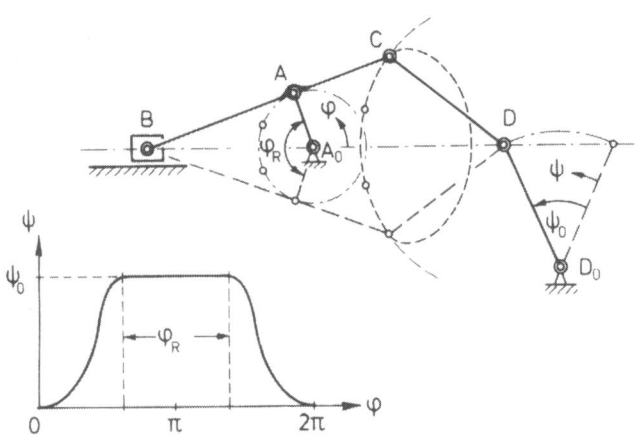

Bild 5:   6-gliedriges Uebertragungsgetriebe (Rastgetriebe)

Sind durch die Aufgabenstellung die Lagen eines Getriebegliedes vorgeschrieben, charakterisiert durch die jeweiligen Koordinaten eines Gliedpunktes und die zugehörige Größe des Lagenwinkels γ^* oder durch die Koordinaten eines weiteren Gliedpunktes, so spricht man von einer Gliedlagenzuordnung.

Schreibt die Aufgabenstellung nur die Lagen eines Gliedpunktes vor, so handelt es sich um eine Punktlagenzuordnung.

Durchläuft man den Strukturplan weiter, so gelangt man in Spalte 3 zu dem gesamten Spektrum der hier behandelten Aufgabenstellungen, das in 4 Gruppen unterteilt ist.

Gruppe I: Gliedlagen eines Uebertragungsgetriebes

A) <u>3 antriebsbezogene allgemeine Gliedlagen</u>

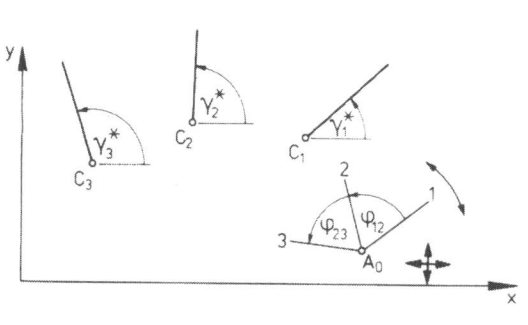

Bild 6

Eingabedaten:

3 Gliedlagen,

gekennzeichnet durch die Koordinaten der Punkte C_i und durch die zugehörigen Lagenwinkel γ_i^* (i = 1, 2, 3) und

2 relative Kurbelwinkel φ_{12} und φ_{23}, welche die von der Antriebskurbel zwischen den 3 Gliedlagen durchlaufenen Winkelbereiche angeben.

B) <u>5 antriebsbezogene spezielle Gliedlagen</u>

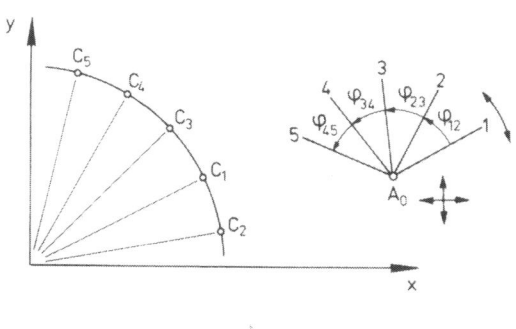

Bild 7

Eingabedaten:

5 Gliedlagen,

gekennzeichnet durch die Koordinaten der auf einem Kreis liegenden Punkte C_i (i = 1 bis 5) und

4 relative Kurbelwinkel φ_{12}, φ_{23}, φ_{34} und φ_{45}.

Anmerkungen:

Eine antriebsbezogene Gliedlage deutet auf eine Verknüpfung zwischen der Bewegung des betrachteten Gliedes und der des Antriebsgliedes hin.

Allgemeine Gliedlagen werden von der Koppel (allgemein bewegtes Getriebeglied) eines Kurbelgetriebes durchlaufen. Unter speziellen Gliedlagen sind hier die Lagen eines im Gestell gelagerten Getriebegliedes zu verstehen.

Gruppe II: Punktlagen eines Uebertragungsgetriebes

A) 5 zugeordnete Funktionswerte einer Uebertragungsfunktion

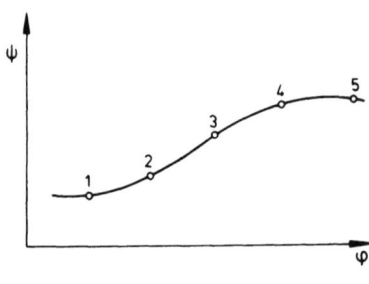

Eingabedaten:

5 Funktionswerte $\psi_i(\varphi_i)$

(i = 1 bis 5).

Bild 8

B) n zugeordnete Funktionswerte einer Uebertragungsfunktion

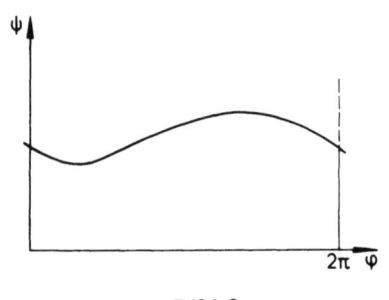

Eingabedaten:

beliebig viele Funktionswerte $\psi_i(\varphi_i)$

(i = 1 bis n und n > 5).

Bild 9

C) 5 antriebsbezogene Punktlagen

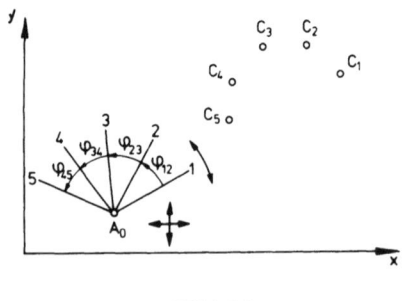

Eingabedaten:

5 Punktlagen, gekennzeichnet durch die Koordinaten der Punkte C_i (i = 1 bis 5) und

4 relative Kurbelwinkel φ_{12}, φ_{23}, φ_{34} und φ_{45}.

Bild 10

Anmerkung:

Eine antriebsbezogene Punktlage deutet auf eine Verknüpfung zwischen der Bewegung des betrachteten Punktes und der des Antriebsgliedes hin.

Gruppe III: Gliedlagen eines Führungsgetriebes

A) 5 allgemeine Gliedlagen

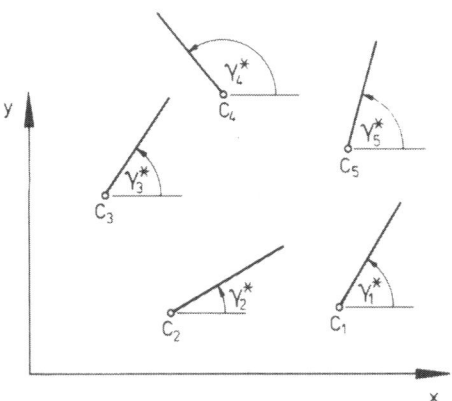

Eingabedaten:

5 Gliedlagen,
  gekennzeichnet durch die Koordinaten der Punkte C_i und die zugehörigen Lagenwinkel γ_i^*
  (i = 1 bis 5).

Bild 11

B) n allgemeine Gliedlagen

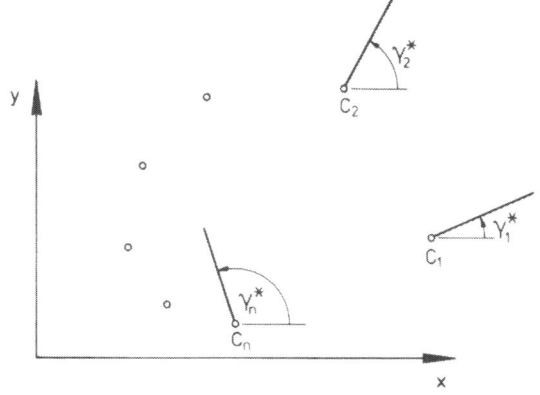

Eingabedaten:

beliebig viele Gliedlagen,
  gekennzeichnet durch die Koordinaten der Punkte C_i und die zugehörigen Lagenwinkel γ_i^* (i = 1 ÷ n und n > 5).

Bild 12

Gruppe IV: Punktlagen eines Führungsgetriebes
A) n Punkte auf dem Teilstück einer Koppelkurve

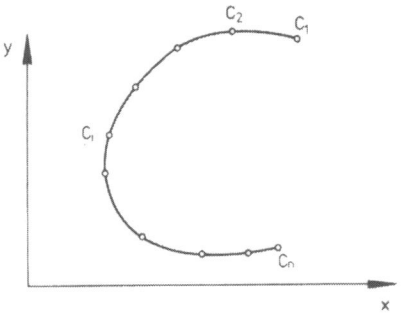

Eingabedaten:

beliebig viele Punktlagen, gekennzeichnet durch die Koordinaten der Punkte C_i (i = 1 bis n).

Bild 13

B) n Punkte auf einer Koppelkurve

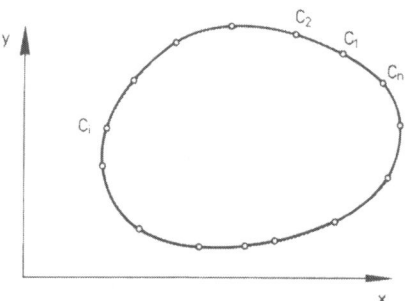

Eingabedaten:

beliebig viele Punktlagen, gekennzeichnet durch die Koordinaten der Punkte C_i (i = 1 bis n).

Bild 14

Bemerkt sei noch, daß es sich bei den Aufgabenstellungen, die eine feste Anzahl vorgegebener Lagen voraussetzen, um die Grenzfälle handelt, für die i. a. noch genaue Lösungen gefunden werden können. Werden von einem Getriebe weniger einzuhaltende Lagen gefordert, als der zutreffende Grenzfall angibt, so gibt es unendlich viele Lösungen. Durch zusätzliche Forderungen kann die Zahl möglicher Lösungen in solchen Fällen wieder eingeschränkt werden, jedoch sind dann u. U. anders aufgebaute Optimierungsprogramme einzusetzen. Das vorgestellte Programmsystem bietet den Vorteil, daß es jederzeit durch weitere Verzweigungen vervollständigt werden kann.

3.3 Die Beschreibung der Optimierungsprogramme

In dem Programmpaket LAZVEK ist für jede Aufgabenstellung ein spezielles Optimierungsprogramm enthalten. Die Bezeichnungen dieser Programme lauten entsprechend den Aufgabenstellungen bzw. dem als Lösung angestrebten Getriebetyp:

1. FG LGN A, FG LGN B (Führungsgetriebe für vorgegebene Gliedlagen)

2. FG PKT A, FG PKT B (Führungsgetriebe für vorgegebene Punktlagen)

3. UG LGN (Uebertragungsgetriebe für vorgegebene Gliedlagen)

4. UG PKT (Uebertragungsgetriebe für vorgegebene Punktlagen)

5. UG FTN (Uebertragungsgetriebe für vorgegebene Uebertragungsfunktion)

Die Funktionsweise und die Handhabung dieser Programme wird im folgenden beschrieben. Insbesondere werden die Optimierungs- bzw. Fehlerkriterien behandelt, die sich nach intensiver Untersuchung vieler verschiedener Fehlerkriterien als am besten brauchbar herausgestellt haben [23].

3.3.1 Die Programme FG LGN A und FG LGN B

Die erste Aufgabenstellung, für die ein Lösungsverfahren erarbeitet werden soll, lautet:

Die Koppel eines viergliedrigen Kurbelgetriebes soll durch eine bestimmte Anzahl vorgeschriebener, endlich benachbarter Lagen geführt werden.

Das Ergebnis wird nach dem oben Gesagten ein Führungsgetriebe für Gliedlagen sein.

Ein Punkt einer bewegten Ebene nimmt bei n vorgegebenen Ebenenlagen n eindeutig bestimmbare Punktlagen in der gestellfesten Ebene ein. Diese den verschiedenen Ebenenlagen entsprechenden Punktlagen werden homologe Punkte genannt. Vorgegebene Lagen einer Ebene können von der Koppel eines viergliedrigen Kurbelgetriebes durchlaufen werden, wenn wenigstens zwei Punkte auf der Ebene existieren, deren homologe

Lagen auf einem Kreis liegen, so daß sie von im Gestell gelagerten Getriebegliedern auf Kreisen geführt werden können.

Bei vier vorgeschriebenen Ebenenlagen gibt es Punkte, deren vier homologe Lagen auf einem Kreis liegen - sie werden Kreispunkte genannt. Die Folge aller Kreispunkte bildet die K r e i s p u n k t k u r v e k, die als Kurve auf der bewegten Ebene ebenfalls mitbewegt wird. Die Folge der zugehörigen Kreismittelpunkte bildet die auf der ortsfesten Gestellebene liegende M i t t e l p u n k t k u r v e m [24 bis 26].

Punkte auf der Kreispunktkurve können als Gelenkpunkte A und B, zugehörige Punkte auf der Mittelpunktkurve als Gestellager A_o und B_o benutzt werden (Bild 15). Die Kreispunktkurve k wurde nur in der ersten Ebenenlage eingezeichnet.

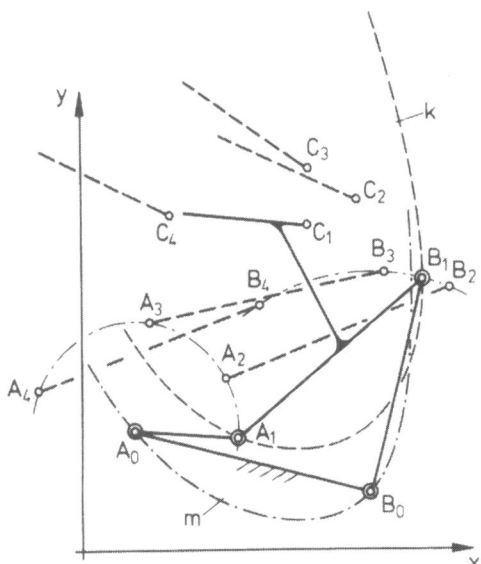

Bild 15:

Führungsgetriebe für 4 vorgegebene Ebenenlagen

Die punktweise Konstruktion der Mittelpunktkurve [10; 18] ist sehr zeitraubend, wegen häufig auftretender schleifender Schnittpunkte recht ungenau und kann deshalb kaum als praktikabler Lösungsweg angesehen werden. Die Möglichkeit, mit Hilfe eines leicht zu ermittelnden Getriebes die Mittelpunktkurve zu erzeugen [27], stellt eine wesentliche Vereinfachung dar. Die analytische Behandlung der Mittelpunktkurve [28 bis 32] ermöglicht den Einsatz von Elektronenrechnern und führt dann i. allg. schnell zu brauchbaren Lösungen, da durch freie Wahl der Punkte A_o und B_o auf der Mittelpunktkurve ein hinsichtlich Platzbedarf und Uebertragungsgüte günstiges Getriebe ausgewählt werden kann.

Auch fünf vorgegebene Gliedlagen können u. U. noch durch ein viergliedriges Kurbelgetriebe exakt verwirklicht werden. Zu je vier Lagen kann eine Mittelpunktkurve m angegeben werden. Insgesamt gibt es also die fünf Mittelpunktkurven m_{1234}, m_{1235}, m_{1245}, m_{1345}, m_{2345}. Schnittpunkte zweier Mittelpunktkurven heißen Burmestersche Mittelpunkte [10; 24; 33]; sie sind Mittelpunkte eines Kreises durch fünf homologe Punkte der bewegten Ebene und können deshalb als Gestellager A_o bzw. B_o genutzt werden. Folgende Möglichkeiten bestehen:

a) Es gibt keine reellen Schnittpunkte
(keine getriebliche Lösung möglich).

b) Es gibt zwei reelle Schnittpunkte (S_o und T_o)
(ein einziges Getriebe ist als Lösung möglich).

c) Es gibt vier reelle Schnittpunkte (S_o, T_o, U_o und V_o)
(es sind sechs Kombinationen von je zwei Burmesterschen Punkten und somit sechs Getriebe als Lösungen möglich).

Neue Wege, um solche Kreispunkte zu finden, sollen vor allem schneller und anschaulicher zu einer Lösung führen und auch eine Erweiterung der Aufgabenstellung auf mehr als fünf vorgegebene Gliedlagen ermöglichen. Oft sind nämlich auch mehr als fünf Lagen mit hinreichender Genauigkeit durch ein viergliedriges Kurbelgetriebe zu verwirklichen. Die dafür zu ermittelnden "Kreispunkte" stellen i. allg. keine exakte Lösung, sondern eine Näherung oder Optimierung dar.

Sind von einem allgemein bewegten ξ-η-System n Lagen im gestellfesten x-y-Koordinatensystem gegeben, dann können zu jedem Punkt $P(\xi, \eta)$ die x-y-Koordinaten der n homologen Punkte durch folgende Gleichungen angegeben werden (vgl. Bild 16)

$$\begin{aligned} x_{P_i} &= x_{C_i} + \xi_P \cos \gamma_i^* - \eta_P \sin \gamma_i^* \\ y_{P_i} &= y_{C_i} + \xi_P \sin \gamma_i^* + \eta_P \cos \gamma_i^* \end{aligned} \qquad i = 1 \div n \qquad (1a,b)$$

Da bei 5 vorgegebenen Ebenenlagen zwei oder vier **exakte Kreispunkte** existieren können (Burmestersche Punkte), soll die Funktionsweise der Optimierungsprogramme zunächst an dem in Bild 16 dargestellten Beispiel erläutert werden.

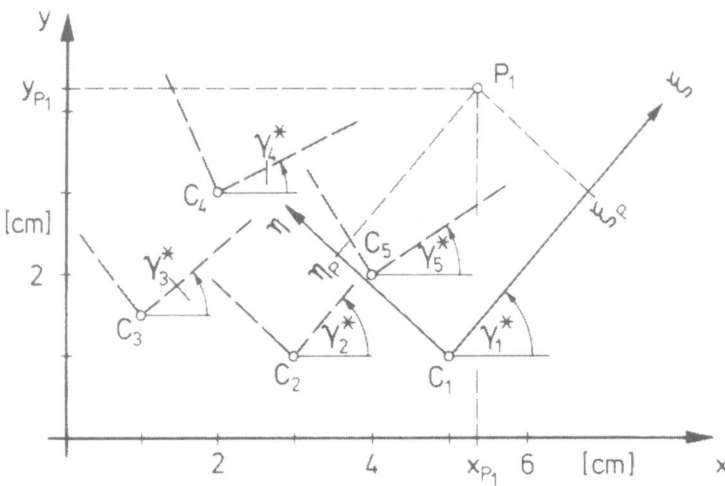

Bild 16 : Fünf vorgegebene Ebenenlagen

Mit Hilfe eines Rechners könnte man die bewegte Ebene in einem Bereich, der z.B. von dem verfügbaren Platz her abzugrenzen wäre, nach Punkten absuchen, deren fünf homologe Lagen auf einem Kreis liegen (Kreispunkte). Wählt man für dieses Suchverfahren ein Punkteraster, das sehr engmaschig ist, wird man wahrscheinlich solche Kreispunkte finden - die Rechenzeit wird aber dann sehr groß.

Ein Suchverfahren ist nur dann sinnvoll, wenn ein Fehlerkriterium gefunden wird, das ein möglichst direktes Ansteuern der Kreispunkte (Fehler gleich Null) ermöglicht. Dieses Fehlerkriterium soll eine Aussage darüber liefern, wie sehr fünf homologe Lagen eines Punktes der bewegten ξ-η-Ebene einer Kreislage nahekommen. Wenn jedem Punkt der bewegten Ebene durch ein Fehlerkriterium eine skalare Größe F zugeordnet werden kann, liegt ein zweidimensionales skalares Feld $F(\xi,\eta)$ vor, das als Fläche über der ξ-η-Ebene anschaulich dargestellt werden kann (Bild 17).

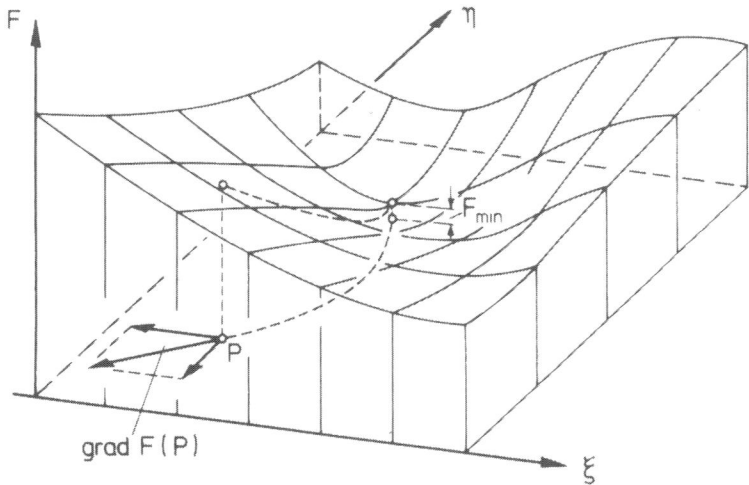

Bild 17: Zweidimensionales skalares Feld

Diesem Feld

$$F = F(\xi, \eta)$$

kann in jedem Punkt $P(\xi, \eta)$ ein Gradient (grad $F(P)$) zugeordnet werden, wenn stetige partielle Ableitungen erster Ordnung

$$\frac{\partial F(\xi, \eta)}{\partial \xi} \quad \text{und} \quad \frac{\partial F(\xi, \eta)}{\partial \eta}$$

vorliegen [34]. Der Gradient ist ein Vektor, der in Richtung der größten Steigung der Funktion $F(\xi, \eta)$ zeigt; sein Betrag ist gleich der Ableitung der Funktion in dieser Richtung. Die Ableitung (Steigung) in einer anderen Richtung erhält man durch Projektion des Gradienten auf diese Richtung.

Faßt man die partiellen Ableitungen in ξ - und η-Richtung ebenfalls als Vektoren auf, dann ergibt die Addition dieser beiden Vektoren den Gradienten (vgl. Bild 17). Dabei ist zu beachten, daß die Komponenten in Richtung positiver Steigung zeigen müssen. Ist also die partielle Ableitung negativ, dann zeigt z. B. der Vektor

$$\frac{\partial F(\xi, \eta)}{\partial \xi} \vec{e}_\xi$$

in Richtung der negativen ξ-Achse. Bewegt man sich auf einer Fläche immer in Richtung des Gradienten, dann erreicht man ein (u. U. relatives) Maximum, wenn auf dem gesamten Weg stetige Ableitungen vorliegen.

Hier geht es darum, das Minimum einer Fehlerfunktion $F(\xi, \eta)$ zu finden, dazu muß man sich entgegen der Richtung des Gradienten bewegen (siehe Bild 17).

Welches Fehlerkriterium liefert nun ein so geartetes skalares Feld, daß man - möglichst von jedem Punkt der ξ-η-Ebene aus - ein absolutes Minimum findet?

Es wurden mehrere Fehlerkriterien entwickelt, die die Abweichung gegebener Punktlagen von einer Kreislage charakterisieren. Ein Vergleich aller Fehlerkriterien zeigte an vielen Beispielen, daß das im folgenden beschriebene Verfahren am zuverlässigsten alle vorhandenen Kreispunkte aufzufinden hilft, wobei der Rechenaufwand relativ gering ist. Das Verfahren kann auf beliebig viele vorgegebene Gliedlagen erweitert werden.

In Bild 18 sind 5 Punkte gezeichnet, wie sie sich als homologe Punkte zu 5 vorgegebenen Ebenenlagen aus den Gleichungen (1a, b) ergeben haben können. Zu diesen 5 Punkten soll ein Kreis gefunden werden, so daß die Summe aller Punktabstände von diesem Kreis $\sum |F_i|$ möglichst klein wird.

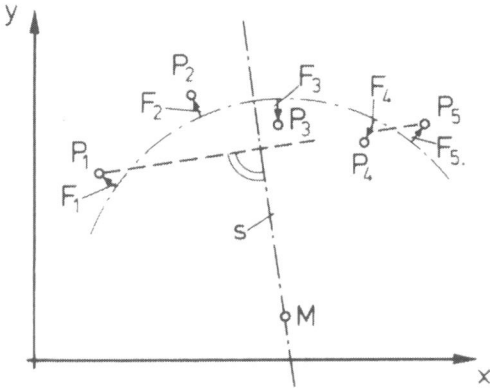

Bild 18: Abweichung vorgegebener Punkte von einer Kreislage

Als erster geometrischer Ort für den Mittelpunkt M_{opt} dieses optimalen Kreises wird die Mittelsenkrechte s auf der Strecke, die die beiden voneinander entferntesten Punkte verbindet, angenommen (hier die Mittelsenkrechte auf $\overline{P_1 P_5}$).

Die Abstände F_i seien für Punkte außerhalb des Kreises positiv, für innerhalb liegende Punkte negativ. Damit erhält man aus Bild 18 bei frei auf s gewähltem Mittelpunkt M:

$$(R + F_i)^2 = (x_i - x_M)^2 + (y_i - y_M)^2 = D_i^2 \qquad (2)$$

und nach kurzer Umformung

$$F_i = D_i - R \quad . \qquad (3)$$

Die Gleichung (3), für alle 5 Punkte angeschrieben und aufaddiert, ergibt:

$$\sum_{i=1}^{5} F_i = \sum_{i=1}^{5} D_i - 5R \quad . \qquad (4)$$

Der Kreisradius R soll nun so bestimmt werden, daß $\sum_{i=1}^{5} F_i = 0$ wird:

$$R = \frac{1}{5} \sum_{i=1}^{5} D_i \quad . \qquad (5)$$

Ein Kreis um den gewählten Punkt M mit dem Radius R gemäß Gleichung (5) erfüllt angenähert die Bedingung, daß die Summe aller Punktabstände $\sum |F_i|$ möglichst klein wird. Nur wenn von den 5 Punkten einer oder zwei extrem große Abstände mit gleichen Vorzeichen von diesem Kreis aufweisen, weicht der Wert $\sum |F_i|$ nennenswert von dem optimalen Wert ab. Es ist aber ohne Nachteil, wenn bei sehr ungünstigen Punktlagen der sie charakterisierende Wert $\sum |F_i|$ etwas zu hoch berechnet wird.

Mit dem Radius R aus Gleichung (5) können die einzelnen Punktabstände F_i errechnet werden. Als Fehlerkriterium SF_5 für 5 Punktlagen wird die Summe aller Absolutbeträge von F_i bestimmt:

$$SF_5 = \sum_{i=1}^{5} |F_i| \quad . \qquad (6)$$

Verschiebt man den Mittelpunkt M auf der Mittelsenkrechten s, dann erhält man für das Beispiel aus Bild 18 den in Bild 19 gezeichneten Verlauf von SF_5. Dieser charakteristische Verlauf mit einem leicht auffindbaren absoluten Minimum von SF_5 ergibt sich für jede beliebige Punkteverteilung. So kann als endgültiges Fehlerkriterium der Minimalwert SF_5^* (siehe Bild 19) in jedem Fall leicht gefunden werden, womit dann auch der zweite geometrische Ort für den optimalen Kreismittelpunkt M_{opt} und der zugehörige Radius R_{opt} aus Gleichung (5) bekannt sind.

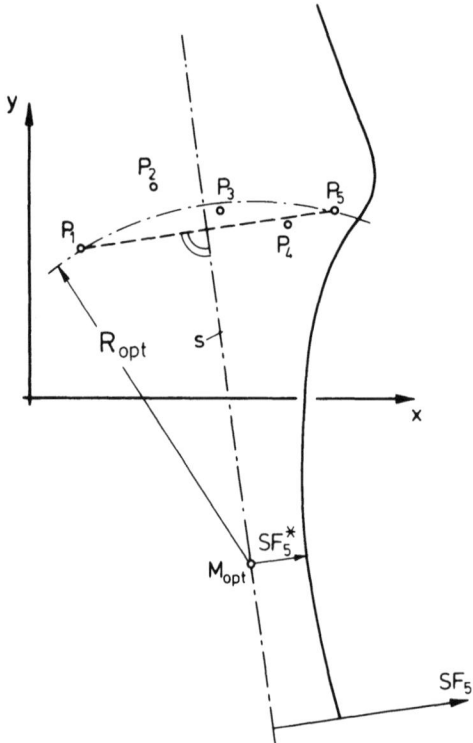

Bild 19: Optimaler Kreis zu 5 Punktlagen

Für das Beispiel aus Bild 16 wurde das Fehlerkriterium SF_5^* über der bewegten ξ-η-Ebene aufgetragen, um Punkte zu finden, deren 5 homologe Lagen auf einem Kreis liegen. Das Ergebnis in Bild 20 zeigt deutlich, daß für jeden Burmesterschen Punkt eine ausgeprägte Senke ohne Unstetigkeiten vorhanden ist, so daß ein selbständiges Auffinden dieser Punkte mit Hilfe eines Gradientenverfahrens ohne weiteres mög-

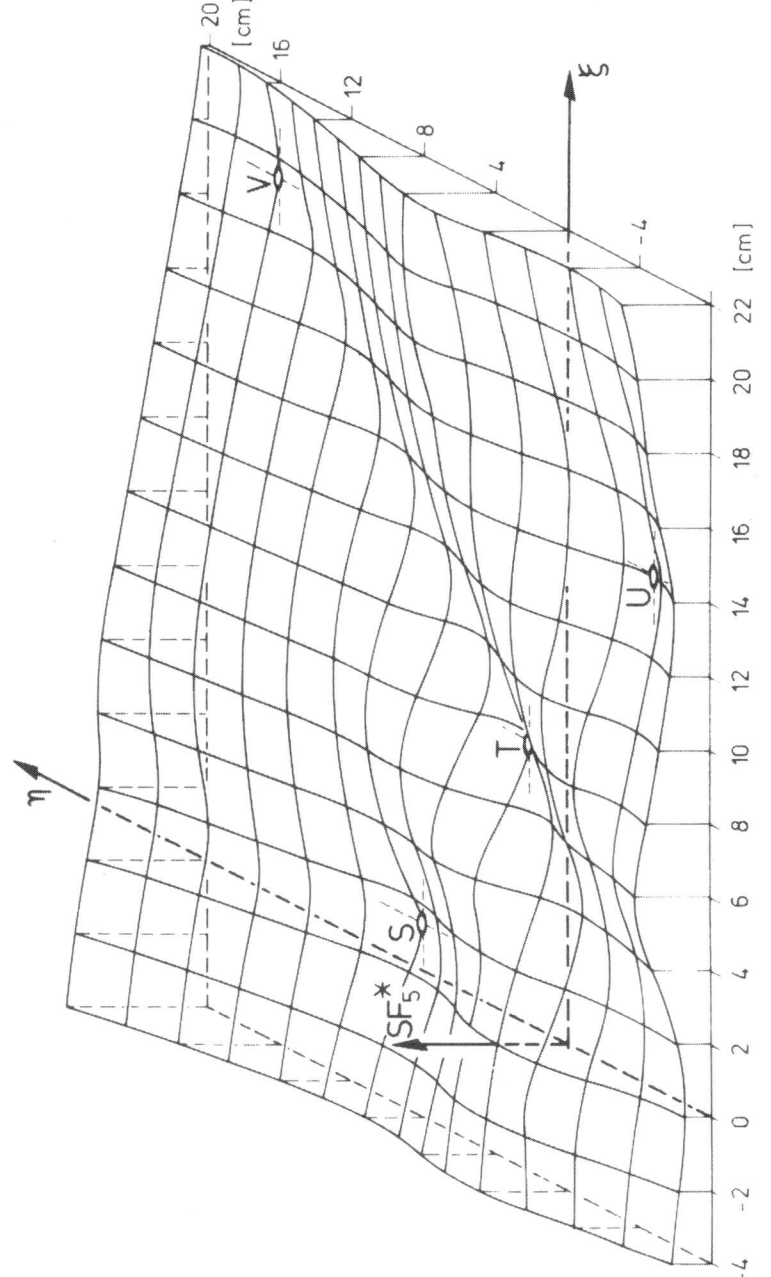

Bild 20: Fehlerkriterium SF_5^* für das Beispiel aus Bild 16

lich ist. Andere Fehlerkriterien lieferten unstetige Flächen, oder die Nullstellen der Fläche wurde nur bei Wahl eines sehr engen Punkterasters gefunden, was die Rechenzeit erheblich vergrößert.

Das Fehlerkriterium SF_5^* ist zur Auffindung von Kurbel- und Schwingenkreisen gleich gut geeignet, was bei anderen untersuchten Fehlerkriterien nicht immer der Fall war. Es liefert für jeden Punkt der bewegten Ebene einen optimalen Fehlerwert. Ein Zusammenfallen von homologen Punktlagen ist problemlos. Wenn alle homologen Punkte auf einer Geraden liegen, wird auch das ohne Schwierigkeiten als entartete Kreislage erkannt.

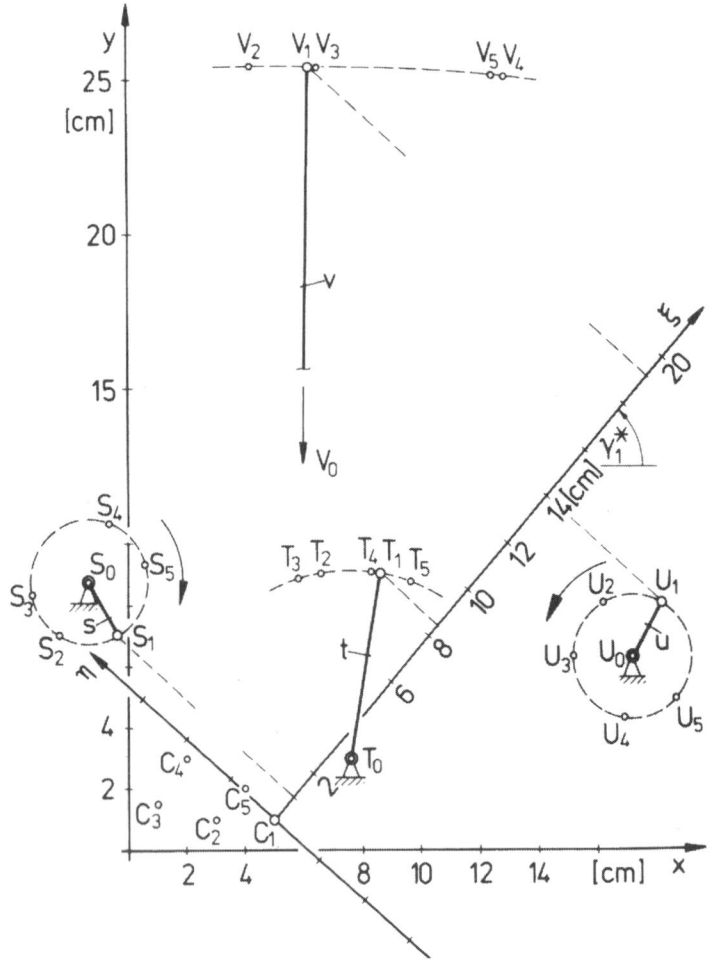

Bild 21: Burmestersche Kreis- und Mittelpunkte

Für die in Bild 16 vorgegebenen 5 Ebenenlagen wurden mit Hilfe des oben beschriebenen Fehlerkriteriums SF_5^* die vier Kreispunkte S, T, U und V auf der ξ-η-Ebene gefunden (vgl. Bild 20). In Bild 21 sind die homologen Punkte S_i, T_i, U_i, V_i (i = 1÷5), die Mittelpunkte S_o, T_o, U_o, V_o sowie die ξ-η-Ebene und die vier Getriebeglieder s, t, u, v in der ersten Stellung gezeichnet. Von den 6 Kurbelgetrieben, die die in Bild 8 gestellte Aufgabe erfüllen, weisen nur die beiden Getriebe

$$U_o - U_1 - T_1 - T_o \quad \text{sowie} \quad S_o - S_1 - T_1 - T_o$$

befriedigende Uebertragungswinkel (vgl. Bild 1) auf. Beide Getriebe sind Kurbelschwingen - die Wahl zwischen beiden könnte z. B. durch Platzbedarf oder durch den Drehsinn der Kurbeln s und u entschieden werden. Die Drehrichtung der Kurbeln liegt fest, weil die vorgegebenen Ebenenlagen in der Reihenfolge 1, 2 ... 5 durchlaufen werden sollen. Bild 22 zeigt das Getriebe $S_o - S_1 - T_1 - T_o$ mit der rechtsumlaufenden, d. h. im Uhrzeigersinn drehenden, Kurbel s, der durch die Punkte $C_1 \div C_5$ laufenden Koppelkurve k_C und den Koppelwinkeln

$$\gamma_i = \gamma_i^* + \varepsilon \qquad (i = 1 \div 5).$$

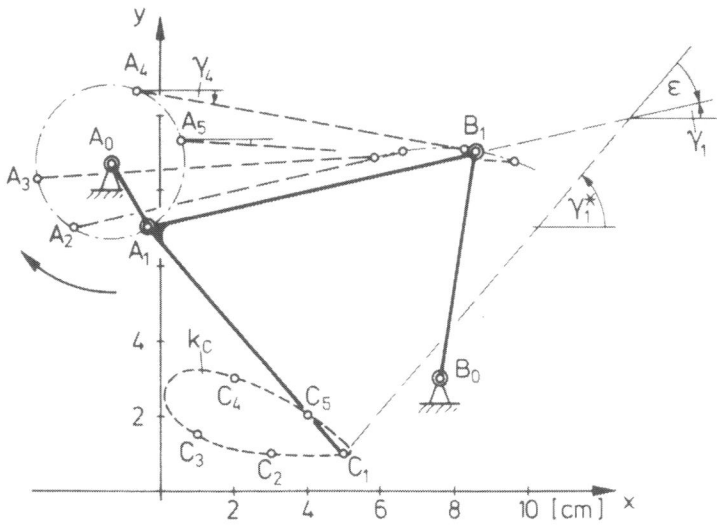

Bild 22: Führungsgetriebe für 5 vorgegebene Ebenenlagen

Bei mehr als 5 vorgegebenen Ebenenlagen wird mit einem viergliedrigen Kurbelgetriebe i. allg. keine exakte Lösung erzielt. Die durch ein Fehlerkriterium über der ξ-η-Ebene aufgespannte Fläche würde nicht ganz auf "Null" abfallen, wie es bei 5 Lagen für die Burmesterschen Kreispunkte der Fall ist.

Für n vorgegebene Gliedlagen lautet das Fehlerkriterium

$$SF_n = \sum_{i=1}^{n} |F_i|,$$

womit der Minimalwert SF_n^* bestimmt werden kann. Alle Vorteile dieses Fehlerkriteriums bleiben auch bei einer großen Anzahl vorgegebener Gliedlagen erhalten, d.h. ein absolutes Minimum der Funktion $SF_n^*(\xi,\eta)$ kann leicht ermittelt werden.

Bei mehr als 5 vorgegebenen Ebenenlagen wird u. U. nur ein Punkt der bewegten Ebene gefunden, dessen homologe Lagen hinreichend genau auf einem Kreis liegen. Ein anderer Punkt der Ebene kann möglicherweise von dem Koppelpunkt eines viergliedrigen Kurbelgetriebes (Aufgabenstellung gemäß Abschnitt 3.3.2) durch die homologen Punktlagen geführt werden. Auf diese Weise werden die vorgeschriebenen Ebenenlagen durch die 2. Koppelebene eines 6-gliedrigen Kurbelgetriebes verwirklicht [18].

Die Programme FG LGN A und FG LGN B ermitteln für bis zu 40 vorgegebene Gliedlagen exakte bzw. optimale Kreispunkte. Mit Programm FG LGN A wird eine Darstellung des Fehlerkriteriums $SF_n^*(\xi,\eta)$ gemäß Bild 20 erhalten, während das Programm FG LGN B mit Hilfe eines Gradientenverfahrens selbständig ein Minimum der Funktion $SF_n^*(\xi,\eta)$ ermittelt.

Gemeinsame Eingabedaten für beide Programme sind:

    1. Die Anzahl der vorgegebenen Lagen,
    2. die Beschreibung der Lagen (vgl. Bild 16).

Weitere Eingabedaten für Programm FG LGN A:

    3a. Das zu untersuchende Feld auf der bewegten Ebene und die Rasterweite (ξ_{min}, ξ_{max}, $\Delta\xi$, η_{min}, η_{max}, $\Delta\eta$),

4a. die Maßstäbe für die Darstellung von ξ, η und Fehlerkriterium SF_n^*.

Weitere Eingabedaten für Programm FG LGN B:

3b. Der Startpunkt auf der bewegten Ebene für das Gradientenverfahren (vgl. Bild 17),

4b. die Anfangsschrittweite und die Präzision für die Schrittweite bei dem Gradientenverfahren.

Bei beiden Programmen werden alle Eingabedaten ausgedruckt. Bei Programm FG LGN A werden für jeden Rasterpunkt auf der ξ-η-Ebene und bei Programm FG LGN B für den ermittelten Kreispunkt folgende Ergebnisse ausgedruckt:

1. Die Koordinaten des Punktes im bewegten ξ-η-System,
2. das Fehlerkriterium SF_n^*,
3. die Koordinaten des optimalen Kreismittelpunktes M_{opt} im x-y-System,
4. der Radius R_{opt} des optimalen Kreises.

Mit diesen Ergebnissen können alle homologen Punkte sowie der (optimale) Kreis durch diese Punkte ermittelt und - wie in Bild 21 gezeigt - dargestellt werden.

3.3.2 Die Programme FG PKT A und FG PKT B

Oft liegt die getriebetechnische Aufgabe vor, den Punkt eines Getriebegliedes (Koppelebene) durch vorgeschriebene Lagen zu führen, um geschlossene Kurven verschiedener Art oder Kurvenstücke zu erzeugen. Neben der Approximierung von Kurven, die als analytische Funktionen vorliegen, durch die Ortskurve eines Koppelpunktes [35] und neben der Methode der Krümmungs-Neigungs-Zuordnung [14] wird die Synthese vorgegebener Kurven meist durch exaktes Einhalten möglichst vieler diskreter Kurvenpunkte angestrebt. Dabei ist die Punktlagenreduktion [8] ein wertvolles Hilfsmittel.

Da bei vorgeschriebenen Punktlagen die Winkellagen der Koppelebene unbekannt sind, ist es schwer, Anhaltspunkte für die Lage von Getriebepunkten (A_o, A, B_o, B) zu finden. Es ist nicht möglich, wie bei der

Aufgabenstellung "Gliedlagen" (Abschnitt 3.3.1) die Koppelebene nach Punkten "abzusuchen", deren homologe Lagen auf einem Kreis liegen. So kann auch für die mit einem viergliedrigen Kurbelgetriebe theoretisch noch lösbare Aufgabe, nämlich 9 Punktlagen zu verwirklichen [10], bisher kein Lösungsweg angegeben werden. Für die maximal mögliche Anzahl von Ebenenlagen (nämlich 5 bei viergliedrigen Kurbelgetrieben) ist dagegen ein Lösungsweg schon lange bekannt (vgl. Abschnitt 3.3.1).

In letzter Zeit wird versucht, neun und noch mehr Punktlagen zu verwirklichen, indem Rechnerprogramme durch systematisches Variieren aller Getriebeparameter eine optimale Lösung der Aufgaben suchen [36]. Hierbei werden jedoch oft Lösungen angesteuert, die unbrauchbar sind. Mit Hilfe der Polortkurven werden in [17; 37] für beliebig viel Ebenen- oder Punktlagen Lösungswege angegeben. Die Aufgabe, Punktlagen nachzubilden, wird hierbei gelöst, indem Annahmen getroffen werden, die die Aufgabe auf ein Problem vorgegebener Ebenenlagen zurückführen. Diese Annahmen zu treffen, um die leichter faßbare Aufgabe der Ebenenlagen vorliegen zu haben, ist das eigentliche Problem bei der Aufgabenstellung "Punktlagen".

Bei der analytischen Behandlung der Aufgabenstellung erhält man für jeden vorgegebenen Punkt C_i die vier Gleichungen (vgl. Bild 23):

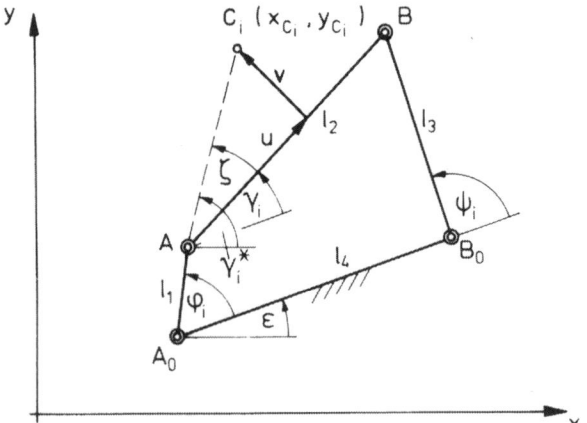

Bild 23: Zur analytischen Behandlung der Aufgabenstellung: vorgegebene Punktlagen

$$x_{A_o} + l_1\cos(\varphi_i+\varepsilon) + u\cos(\gamma_i+\varepsilon) - v\sin(\gamma_i+\varepsilon) = x_{C_i} \qquad (7)$$

$$y_{A_o} + l_1\sin(\varphi_i+\varepsilon) + u\sin(\gamma_i+\varepsilon) + v\cos(\gamma_i+\varepsilon) = y_{C_i} \qquad (8)$$

$$l_1\cos\varphi_i + l_2\cos\gamma_i = l_4 + l_3\cos\psi_i \qquad (9)$$

$$l_1\sin\varphi_i + l_2\sin\gamma_i = l_3\sin\psi_i \qquad (10)$$

Für neun vorgegebene Punkte C_i (i = 1÷9) erhält man ein Gleichungssystem mit 36 Gleichungen. Die Anzahl der Unbekannten ist ebenfalls 36, nämlich:

$$x_{A_o},\ y_{A_o},\ l_1,\ l_2,\ l_3,\ l_4,\ u,\ v,\ \varepsilon,\ \varphi_1 \div \varphi_9,\ \gamma_1 \div \gamma_9,\ \psi_1 \div \psi_9.$$

Es ist denkbar, daß es auch für solche Gleichungssysteme mit Hilfe von Großrechnern einmal sichere Lösungsverfahren geben wird. Hier sollen Lösungswege beschrieben werden, die zwar einerseits nicht unbedingt die exakte Lösung für neun vorgeschriebene Punktlagen liefern, andererseits aber beliebig auf höhere Punktzahlen erweitert werden können und dafür Näherungslösungen ermitteln.

Das in den Programmen FG PKT A und FG PKT B verwendete und im folgenden beschriebene Lösungsverfahren ist speziell geeignet, für vorgegebene geschlossene Koppelkurven ein vollständiges viergliedriges Kurbelgetriebe zu ermitteln.

In Bild 24 ist eine Koppelkurve k_C vorgegeben und an beliebiger Stelle ein Punkt A_o angenommen, der Mittelpunkt für die Kurbel eines zu bestimmenden Kurbelgetriebes sein soll.

Mit der Festlegung des Punktes A_o sind folgende Größen und Kennwerte des endgültigen Getriebes bekannt:

1. Kurbelkreisradius $l_1 = \overline{A_o A}$
2. Koppelpunktabstand $l_5 = \overline{AC}$
3. Der Verlauf des Koppelwinkels $\gamma^* = f(\varphi)$

Zu 1. und 2.:

Von A_o aus werden zwei Kreise geschlagen, die die Koppelkurve in dem entferntesten Punkt C_a und in dem nächsten Punkt C_b tangieren.

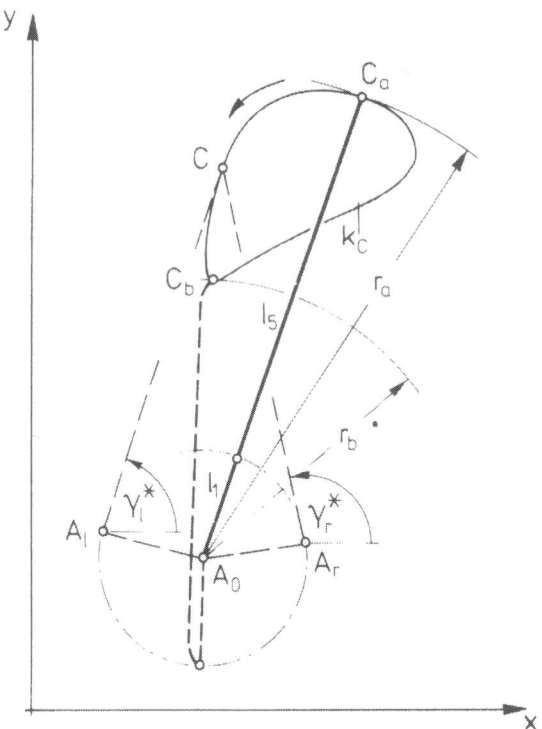

Bild 24: Vorgegebene Koppelkurve und frei gewählter Kurbeldrehpunkt A_0

Die beiden Kreisradien werden mit r_a und r_b bezeichnet. Aus Bild 24 ist leicht einzusehen, daß der Kurbelkreisradius

$$l_1 = \frac{r_a - r_b}{2} \tag{11}$$

und der Koppelpunktabstand

$$l_5 = \overline{AC} = r_a - l_1 = r_b + l_1 \tag{12}$$

betragen muß.

Zu 3. :

In Bild 24 sind die beiden Kurbelstellungen, bei denen die Punkte C_a und C_b erreicht werden, eingezeichnet. Nun kann offensichtlich bei **vorgegebener Durchlaufrichtung** der Koppelkurve die Kurbel in beiden **Drehrichtungen** umlaufen, wobei der Endpunkt C der Strecke $\overline{AC}$ auf der Koppelkurve geführt wird. Für einen Punkt C der Koppelkurve sind in Bild 24 die zugehörigen Punkte A_l (Linkslauf) und A_r (Rechtslauf) eingezeichnet. Der Winkel γ^* zwischen der Geraden AC und der x-Achse unterscheidet sich von dem Koppelwinkel γ nur um einen konstanten Anteil (vgl. Bild 23):

$$\gamma^* = \gamma + (\varepsilon + \zeta) \, . \tag{13}$$

Mit der Wahl von A_o liegen die beiden Funktionen

$$\begin{aligned} \gamma_l^*(\varphi) &= \gamma_l(\varphi) + (\varepsilon + \zeta) \\ \gamma_r^*(\varphi) &= \gamma_r(\varphi) + (\varepsilon + \zeta) \end{aligned} \tag{14a,b}$$

fest. Durch Differentiation erhält man zwei Funktionen, die nicht mehr die beiden unbekannten Winkel ε und ζ enthalten.

$$\begin{aligned} \frac{d(\gamma_l^*)}{d\varphi} &= \frac{d(\gamma_l)}{d\varphi} = \gamma_l'(\varphi) \\ \frac{d(\gamma_r^*)}{d\varphi} &= \frac{d(\gamma_r)}{d\varphi} = \gamma_r'(\varphi) \, . \end{aligned} \tag{15a,b}$$

Dabei ist

$$\gamma' = \frac{d\gamma}{d\varphi} = \frac{d\gamma}{dt} \frac{dt}{d\varphi} = \frac{\omega_2}{\omega_1} \tag{16}$$

die auf die Winkelgeschwindigkeit ω_1 der Kurbel bezogene Winkelgeschwindigkeit der Koppelebene. Die Funktionen (15a) und (15b) können punktweise angenähert bestimmt werden, wenn für genügend viele Koppelkurvenpunkte die Winkel γ_l^* und φ_l (bzw. γ_r^* und φ_r) ermittelt sind und dann der Differenzenquotient an jeder Stelle i gebildet wird:

$$\lim_{\Delta\varphi \to 0} \left(\frac{\Delta\gamma^*}{\Delta\varphi} \right) = \lim_{\varphi_{i-1} \to \varphi_i} \left(\frac{\gamma_i - \gamma_{i-1}}{\varphi_i - \varphi_{i-1}} \right) = \gamma_i' \tag{17}$$

Die so ermittelten Funktionen $\gamma_l'(\varphi)$ und $\gamma_r'(\varphi)$ geben an, welchen Winkelgeschwindigkeitsverlauf die Koppel eines Getriebes haben müßte, um unter Beibehaltung von A_o einen Koppelpunkt genau auf der Koppelkurve k_C zu führen.

Nun wird der frei gewählte Punkt A_o nicht der Punkt sein, mit dem sich

das optimale Getriebe zur Nachbildung der vorgegebenen Koppelkurve
ergibt. Man muß also die beiden Funktionen γ'_l und γ'_r, die sich durch
Vorgabe von A_o zwangsläufig ergeben, analysieren und auf Eignung prüfen,
um über die Brauchbarkeit des gewählten Punktes A_o entscheiden zu können.
Ist ein Punkt A_o mit geeignetem γ'-Verlauf gefunden, dann fehlen
von dem vollständigen viergliedrigen Kurbelgetriebe nur noch die vier
Größen x_{B_o}, y_{B_o}, l_2 und l_3.

Die Programme FG PKT A und FG PKT B ermitteln gemäß dem oben gesagten für eine vorgegebene Koppelkurve und vorgegebenen Punkt A_o zu
jedem Punkt der Koppelkurve den Kurbelwinkel φ, den Koppelwinkel γ^*
und den Differentialquotienten $\gamma' = \gamma^{*'}$. Es müssen die Koordinaten von 36
Punkten der Koppelkurve eingegeben werden.

Der Verlauf von $\gamma' = f(\varphi)$ muß folgende Eigenschaften haben, falls er zu
einem brauchbaren viergliedrigen Kurbelgetriebe führen soll:

1. $|\gamma'|_{max}$ sollte nicht größer als 1 sein,
   ($|\gamma'|_{max} > 1$ ist nur bei Getrieben mit sehr schlechtem
   Uebertragungswinkel μ möglich),

2. es dürfen nur zwei Nullstellen vorhanden sein,

3. es dürfen nur zwei Extrema auftreten,

4. es sollten nur zwei Wendepunkte auftreten.

Die Beurteilung eines γ'-Verlaufes und damit auch die Beurteilung des
gewählten Punktes A_o erfolgt in dem Rechnerprogramm FG PKT A durch
Ermittlung von $|\gamma'|_{max}$ und Ermittlung aller absoluten und relativen Extrema. Diese Beurteilungsmaßstäbe haben sich als gut und ausreichend
erwiesen.

In Bild 25 ist ein Teilstück einer vorgegebenen Koppelkurve k_C und ein
frei gewählter Punkt A_o gezeichnet. Auf dem Teilstück liegen die Punkte
$C_1 \div C_7$. Der Kurbelradius l_1 ergibt sich aus dem kürzesten Abstand
eines Punktes C_i von A_o (hier $\overline{C_4 A_o}$) und aus dem größten Abstand eines
Punktes C_i von A_o. Da jedoch die Koppelkurve zwischen den Punkten C_3
und C_4 noch näher an A_o heranreicht und an der entferntesten Stelle eine
entsprechende Ungenauigkeit auftreten kann, ist der Kurbelkreisradius
l_1 etwas zu klein, und es entstehen dadurch im Bereich des entferntesten

Punktes C_a und des nächsten Punktes C_b (vgl. Bild 24) fehlerbehaftete γ^*- und γ'-Verläufe.

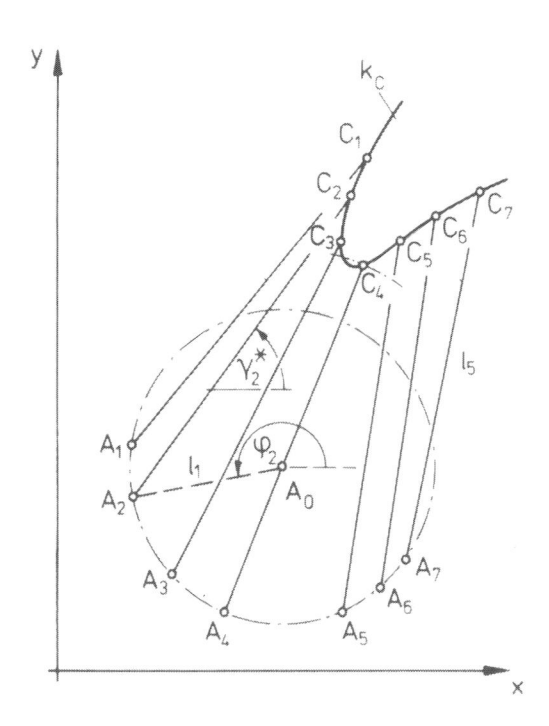

Bild 25: Fehlerquelle bei der Ermittlung der Längen l_1 und l_5

Bei 36 Kurvenpunkten ergaben sich für ein Beispiel die in Bild 26 gezeichneten Verläufe. Im Programm FG PKT A wird nun - wie in Bild 26 gestrichelt eingezeichnet - eine Linearisierung des γ'-Verlaufes in den beiden kritischen Bereichen vorgenommen und dann ein korrigierter γ^*-Verlauf errechnet. Dadurch werden "falsche" Extrema im γ'-Verlauf beseitigt, und der Verlauf von γ^* wird sehr genau dem Verlauf angeglichen, der sich ergeben würde, wenn der Kurbelkreisradius l_1 genau richtig gewählt werden könnte. Der korrigierte Verlauf von γ' ist wichtig zur Beurteilung des gewählten Punktes A_o - der genaue Verlauf von γ^* ist wichtig, um später das vollständige Getriebe zu finden.

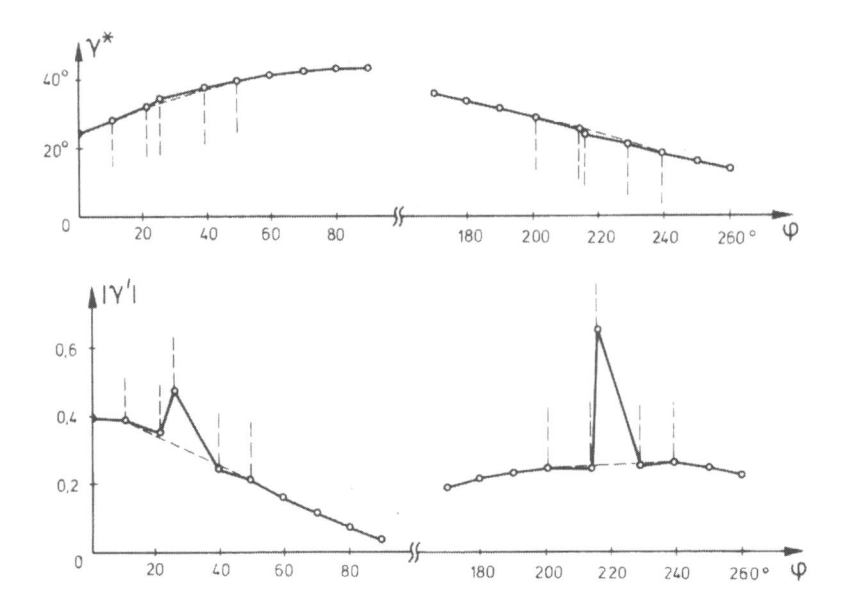

Bild 26: Korrigierter γ^*- und γ'-Verlauf

Das Programm FG PKT A ermittelt also bei vorgegebener geschlossener Koppelkurve und Wahl eines Kurbeldrehpunktes A_o den sich zwangläufig ergebenden γ'-Verlauf der Koppelebene. Aus diesem Verlauf kann geschlossen werden, ob der gewählte Punkt A_o die Gesamtlösung der Aufgabe mit Hilfe eines viergliedrigen Kurbelgetriebes erwarten läßt.

Die Rechenzeit für einen Programmdurchlauf ist so kurz, daß man in dem gesamten für A_o zur Verfügung stehenden Bereich nach brauchbaren Punkten suchen kann, indem ein Punkteraster für A_o vorgegeben und jeder Punkt untersucht wird.

Das Folgeprogramm FG PKT B ermittelt nach Vorgabe eines Punktes A_o und der Kurbeldrehrichtung das vollständige Getriebe, das die Koppelkurve optimal nachbildet.

Der erste Teil des Programmes FG PKT B ist identisch mit dem Programm FG PKT A. Zu 36 Punkten der Koppelkurve werden 36 Kurbelstellungen ermittelt; somit sind 36 L a g e n d e r K o p p e l e b e n e gegeben. Ein Punkt der Koppelebene wird auf einem Kreis geführt - nämlich der Gelenkpunkt A zwischen Kurbel und Koppel. Bevor nun mit Hilfe des in Abschnitt 3.3.1 beschriebenen Fehlerkriteriums SF_n^* ein zweiter Kreispunkt gesucht wird, wird der Punkt C^* der Koppelebene ermittelt, der die kürzeste Koppelkurve beschreibt. Für jeden Punkt der Koppelebene können 36 homologe Punktlagen bestimmt werden. Die Länge des Polygonzuges durch diese 36 Punkte ergibt näherungsweise die Länge der Koppelkurve.

Dieser Zwischenschritt ist erforderlich, um auf der Koppelebene in die Nähe eines Schwingengelenkpunktes B zu gelangen, um dann schließlich mit Hilfe des Fehlerkriteriums SF_n^* den Kreispunkt B (oder den bestmöglichen Punkt) automatisch ansteuern zu können (Gradientenverfahren).

Es hat sich nämlich gezeigt, daß bei einer Kurbelschwinge der Punkt C^*, der die kürzeste Koppelkurve beschreibt, sehr leicht auffindbar ist und stets so nahe bei dem Gelenkpunkt B liegt, daß dieser anschließend ebenfalls gefunden wird. In Bild 27 ist die Koppelkurvenlänge $L_C^* = L_C - 2 l_1$ einer Kurbelschwinge über der Koppelebene aufgetragen, wobei die beschriebenen Eigenschaften des Punktes C^* erkennbar sind. Nur bei Kurbelschwingen mit sehr großer Schwingenlänge l_3 und Koppellänge l_2 (im Extremfall B → ∞, d.h. Kurbelschleife) kann das beschriebene Verfahren versagen.

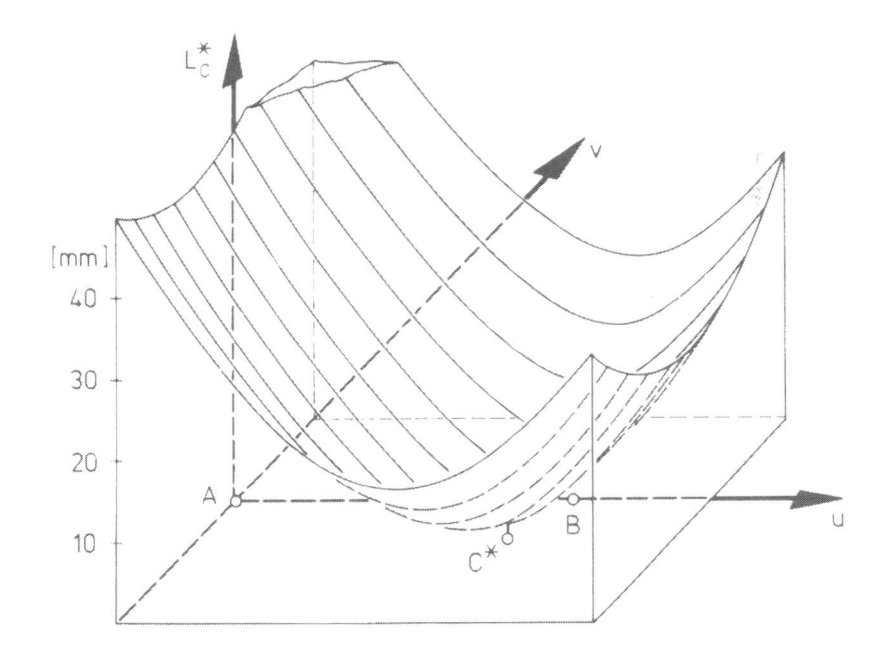

Bild 27: Zweidimensionales skalares Feld L_C^* (u, v)

Da mit einem viergliedrigen Kurbelgetriebe maximal 9 Punkte einer Koppelkurve exakt durchlaufen werden können, werden im Eingabeteil des Programms FG PKT B 9 der 36 Koppelkurvenpunkte besonders herausgestellt; die Auswahl dieser 9 Punkte ist beliebig.

Von dem ermittelten Punkt C^* aus wird also nur für die 9 ausgezeichneten Punkte mit Hilfe des Fehlerkriteriums SF_9^* der optimale Gelenkpunkt B (Kreispunkt) bestimmt.

Für Koppelkurven, die durch ein nichtumlauffähiges viergliedriges Kurbelgetriebe erzeugt werden, kann keine Lösung gefunden werden, weil auch die nach dem Satz von Roberts (dreifache Erzeugung von Koppelkurven) [38] existierenden Ersatzgetriebe nicht umlauffähig sind. Da nämlich die Programme FG PKT A und FG PKT B zu einer gegebenen Koppelkurve zunächst ein im Gestell gelagertes u m l a u f e n d e s Getriebeglied ermitteln (Kurbel 1), müssen die Koppelkurven von nichtumlauffähigen Getrieben aus dem Lösungskatalog ausgeklammert bleiben.

An einem Beispiel soll nun das Arbeiten mit den Programmen FG PKT A und FG PKT B erläutert werden. Die in Bild 28 gezeichnete Koppelkurve k_C wird durch ein Getriebe erzeugt, dessen kleinster Uebertragungswinkel $\mu_{min} = 32°$ höhere Betriebsdrehzahlen nicht zuläßt. Es soll ein Kurbelgetriebe ermittelt werden, das die Koppelkurve möglichst genau nachbildet und einen Uebertragungswinkel von wenigstens $\mu_{min} = 45°$ aufweist.

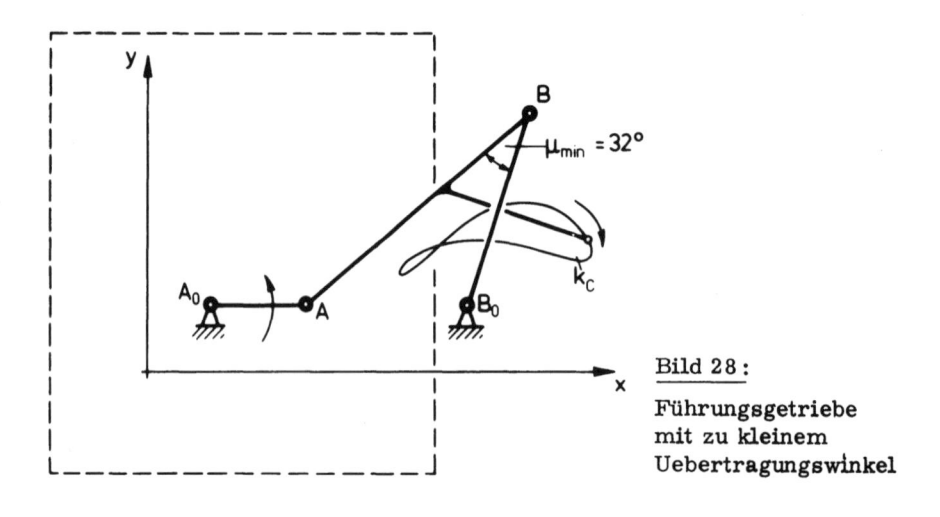

Bild 28:
Führungsgetriebe mit zu kleinem Uebertragungswinkel

Das in Bild 28 gestrichelt eingezeichnete Feld sei der für das Gestelllager A_o zur Verfügung stehende Bereich. Die Grenzen dieses Bereiches und die Schrittweiten in x- und y-Richtung sowie die Koordinaten von 36 Punkten der Koppelkurve sind die für das Programm FG PKT A erforderlichen Eingabedaten. Für jeden Punkt A_o wird ausgedruckt:

1. Die Koordinaten des Kurbellagers (x_{A_o}, y_{A_o}),
2. die Kurbellänge l_1,
3. die Strecke $\overline{AC} = l_5$,
4. $|\gamma'|_{max}$ und die Anzahl der Extrema der Funktion $\gamma' = f(\varphi)$ für rechts- und für linksumlaufende Kurbel.

Punkte A_o mit folgenden Ergebnissen werden als unbrauchbar ausgeschaltet:

a) mehr als 2 Extrema bei $\gamma' = f(\varphi)$,
b) $|\gamma'|_{max}$ größer als 1.

Aus Bild 29 ist ersichtlich, in welchen Bereichen das Kurbellager A_o liegen darf, wenn ein Kurbelgetriebe mit links- bzw. rechtsumlaufender Kurbel angestrebt wird. Im vorliegenden Fall ist es offensichtlich besser, in dem relativ großen Bereich für linksumlaufende Kurbel weiter zu arbeiten.

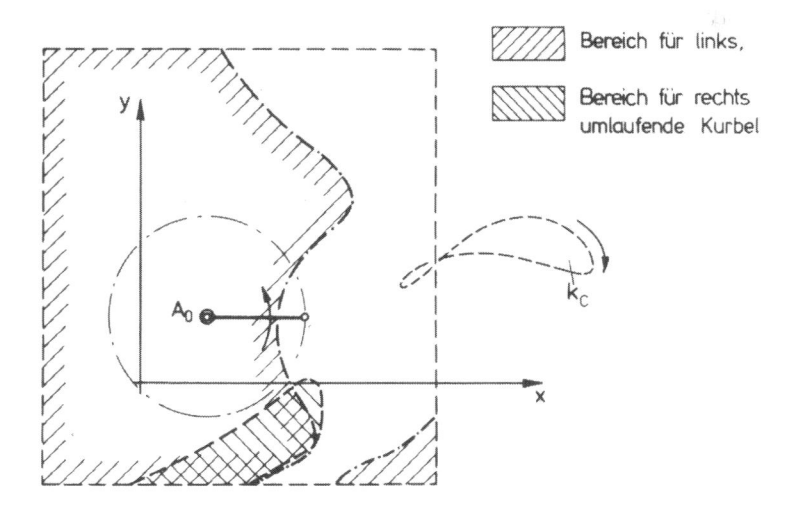

Bild 29: Zulässige Bereiche für das Kurbellager A_o

Als Eingabedaten für das vollständige Syntheseprogramm
F G PKT B sind außer den Koordinaten von 36 Koppelkurvenpunkten
und einem brauchbaren Punkt A_o die Drehrichtung der Kurbel und eine
Auswahl von 9 der 36 Kurvenpunkte erforderlich. Der Kurbelkreis, der
optimale Schwingenkreis und somit ein vollständiges Kurbelgetriebe
werden nach dem in diesem Abschnitt beschriebenen Verfahren bestimmt.

Alle Getriebedaten werden ausgedruckt und zur Beurteilung des ermittelten Getriebes die Fehlerabweichung SF_9^* und der kleinste Uebertragungswinkel μ_{min} angegeben.

```
XA0 = 146.00        YA0 = - 70.00
XB0 = 200.54        YB0 =   15.29
XA  = 124.07        YA  = - 55.40
XB  = 103.62        YB  = -  9.21
XC  = 152.14        YC  =   88.30
GLIEDLAENGEN L1 BIS L4   26.35   50.51   100.14   101.24
KLEINSTER UEBERTRAGUNGSWINKEL  MY MIN = 46.45 GRAD
FEHLERKRITERIUM SF9 = 0.824
```

Dabei bedeutet (alle Maße in mm):

XA0 und YA0   -   Koordinaten des vorgegebenen Punktes A_o,

XB0 und YB0   -   Koordinaten des Gestellagers B_o,

XA, YA, XB, YB, XC und YC   -   Koordinaten der Gelenkpunkte
  A und B und des Koppelpunktes C für die Getriebestellung, in
  der der erste der 9 ausgezeichneten Kurvenpunkte erreicht wird,

Fehlerkriterium SF9   -   Summe aller Abweichungen vom Schwingenkreis gemäß Abschnitt 3.3.1 (SF_9^*).

Für die Berechnung und Optimierung eines Getriebes nach dem oben angegebenen Lösungsverfahren wird auf der Rechenanlage CD 6400 etwa
1,2 Sekunden Rechenzeit benötigt. So kann man es sich erlauben, für
mehrere Punkte A_o ein Getriebe berechnen zu lassen, um entweder ein
besonders übertragungsgünstiges Getriebe (μ_{min} groß) oder eine möglichst genaue Nachbildung der Koppelkurve zu erreichen (SF_9^* klein).
Für die gestellte Aufgabe ergab sich als bester Kompromiß zwischen
den zwei Bewertungsmaßstäben

1. gute Nachbildung der Koppelkurve k_C (Bild 28),
2. guter Uebertragungswinkel μ

das in Bild 30 gezeichnete Getriebe. Der kleinste Uebertragungswinkel konnte von $32°$ auf $47°$ gesteigert werden; die Abweichung von der gestrichelt eingezeichneten vorgegebenen Koppelkurve k_C ist gering.

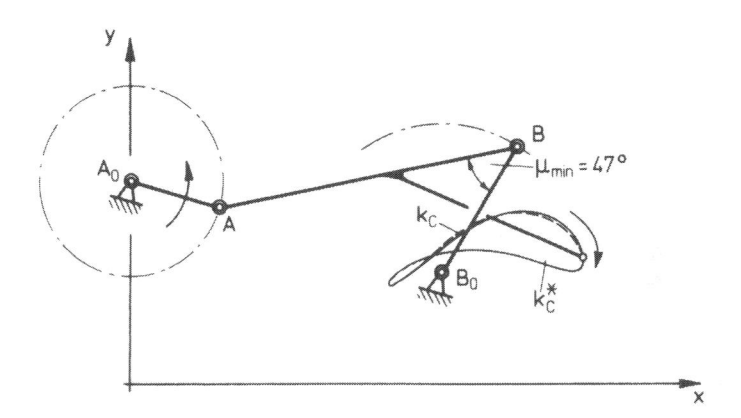

Bild 30: Ersatzgetriebe mit größerem Uebertragungswinkel

3.3.3 Das Programm UG PKT

Gibt man statt der maximal durch ein viergliedriges Kurbelgetriebe zu verwirklichenden 9 allgemeinen Lagen eines Getriebegliedpunktes nur 5 Punktlagen vor, so sind vier Wertigkeiten [10] frei geworden; für diese können neue Forderungen in der Aufgabenstellung zugelassen werden.

Eine Möglichkeit ist, die vier Winkel $\varphi_{i,i+1}$ (i = 1÷4), die die Antriebskurbel des zu suchenden Getriebes zwischen Erreichen der einzelnen Punktlagen durchläuft, vorzuschreiben (Antriebszuordnung).

Bei konstanter Antriebswinkelgeschwindigkeit ω_1 kann somit beim Durchlaufen von fünf gegebenen Punkten $C_1 \div C_5$ ein vorgeschriebener Geschwindigkeitsverlauf erzielt werden. Wenn z.B. beim Durchlaufen des Kurvenstückes $\widehat{C_1 C_2}$ eine mittlere Geschwindigkeit v_{12_m} erreicht werden soll, dann beträgt der zugehörige Kurbeldrehwinkel

$$\varphi_{12} = \omega_1 t_{12} = \omega_1 \frac{\widehat{C_1 C_2}}{v_{12\,m}} \quad . \qquad (18)$$

In Bild 31 ist eine Aufgabenstellung für das Programm UG PKT dargestellt. Die 5 Punkte $C_1 \div C_5$ sind im x-y-Koordinatensystem vorgegeben. Der "Kurbelstern" mit den Winkeln φ_{12}, φ_{23}, φ_{34}, φ_{45} ist an beliebiger Stelle eingezeichnet. Die endgültige Lage des "Kurbelsterns", d.h. die Koordinaten x_{A_0} und y_{A_0} sowie der Winkel φ_1 und die Längen l_1 und l_5 ergeben sich aus der Lösung des folgenden Gleichungssystems.

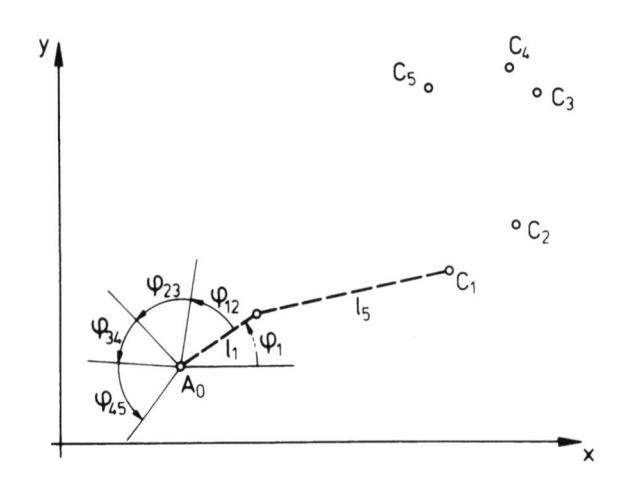

Bild 31 : 5 Punktlagen mit Antriebszuordnung

Es muß gelten:

$$\underline{x_{A_0}} + \underline{l_1 \cos \varphi_1} + \underline{l_5 \cos \gamma_1^*} = x_{C_1} \qquad (19)$$

$$\underline{x_{A_0}} + \underline{l_1 \cos \varphi_2} + \underline{l_5 \cos \gamma_2^*} = x_{C_2} \qquad (20)$$

$$\underline{x_{A_0}} + \underline{l_1 \cos \varphi_3} + \underline{l_5 \cos \gamma_3^*} = x_{C_3} \qquad (21)$$

$$\underline{x_{A_0}} + \underline{l_1 \cos \varphi_4} + \underline{l_5 \cos \gamma_4^*} = x_{C_4} \qquad (22)$$

$$\underline{x_{A_0}} + \underline{l_1 \cos \varphi_5} + \underline{l_5 \cos \gamma_5^*} = x_{C_5} \qquad (23)$$

$$\underline{y_{A_0}} + l_1 \sin \varphi_1 + l_5 \sin \gamma_1^* = y_{C_1} \qquad (24)$$

$$\underline{y_{A_0}} + l_1 \sin \varphi_2 + l_5 \sin \gamma_2^* = y_{C_2} \qquad (25)$$

$$\underline{y_{A_0}} + l_1 \sin \varphi_3 + l_5 \sin \gamma_3^* = y_{C_3} \qquad (26)$$

$$y_{A_o} + l_1 \sin\varphi_4 + l_5 \sin\gamma^*_4 = y_{C_4} \qquad (27)$$

$$y_{A_o} + l_1 \sin\varphi_5 + l_5 \sin\gamma^*_5 = y_{C_5} \qquad . \qquad (28)$$

Dieses aus 10 Gleichungen bestehende gemischt - goniometrische Gleichungssystem enthält 10 unbekannte Größen, nämlich die unterstrichenen. Das Uebereinstimmen zwischen der Anzahl der Gleichungen und der Anzahl der Unbekannten zeigt, daß durch die Aufgabenstellung alle verfügbaren Wertigkeiten voll ausgenutzt sind.

Die Winkel φ_2, φ_3, φ_4 und φ_5 enthalten nur den einen unbekannten Winkel φ_1, da

$$\begin{aligned}
\varphi_2 &= \varphi_1 + \varphi_{12} \\
\varphi_3 &= \varphi_2 + \varphi_{23} = \varphi_1 + \varphi_{13} \\
\varphi_4 &= \varphi_3 + \varphi_{34} = \varphi_1 + \varphi_{14} \\
\varphi_5 &= \varphi_4 + \varphi_{45} = \varphi_1 + \varphi_{15} \quad .
\end{aligned} \qquad (29a\text{-}d)$$

Um für das Gleichungssystem eine Lösung zu finden, wird es zunächst in zwei kleinere Gleichungssysteme aufgespalten. Das erste Gleichungssystem bezieht sich auf die Punkte C_1, C_3 und C_5 und setzt sich dementsprechend aus den 6 Gleichungen (19), (21), (23), (24), (26) und (28) zusammen. Diese 6 Gleichungen enthalten die 8 Unbekannten x_{A_o}, y_{A_o}, l_1, l_5, φ_1, γ^*_1, γ^*_3 und γ^*_5. Aus den Gleichungen (19) und (24) erhält man nach kurzer Umformung:

$$l_5^2 \cos^2\gamma^*_1 = (x_{C_1} - x_{A_o} - l_1 \cos\varphi_1)^2$$

$$l_5^2 \sin^2\gamma^*_1 = (y_{C_1} - y_{A_o} - l_1 \sin\varphi_1)^2 \quad .$$

Durch Addition und weitere Umformung folgt:

$$\begin{aligned}
x_{A_o}^2 + y_{A_o}^2 = {} & 2 x_{A_o}(x_{C_1} - l_1 \cos\varphi_1) + 2 y_{A_o}(y_{C_1} - l_1 \sin\varphi_1) + l_5^2 - l_1^2 \\
& - x_{C_1}^2 - y_{C_1}^2 + 2 x_{C_1} l_1 \cos\varphi_1 + 2 y_{C_1} l_1 \sin\varphi_1 \quad .
\end{aligned} \qquad (30)$$

Aus den Gleichungen (21) und (26) erhält man entsprechend:

$$x_{A_o}^2 + y_{A_o}^2 = 2x_{A_o}(x_{C_3} - l_1\cos\varphi_3) + 2y_{A_o}(y_{C_3} - l_1\sin\varphi_3) + l_5^2 - l_1^2$$

$$- x_{C_3}^2 - y_{C_3}^2 + 2x_{C_3}l_1\cos\varphi_3 + 2y_{C_3}l_1\sin\varphi_3 \quad . \tag{31}$$

Gleichsetzen der Gleichungen (30) und (31) ergibt:

$$x_{A_o}(x_{C_1} - x_{C_3} - l_1\cos\varphi_1 + l_1\cos\varphi_3) + y_{A_o}(y_{C_1} - y_{C_3} - l_1\sin\varphi_1 + l_1\sin\varphi_3) =$$

$$= \frac{x_{C_1}^2 + y_{C_1}^2 - x_{C_3}^2 - y_{C_3}^2}{2} - x_{C_1}l_1\cos\varphi_1 - y_{C_1}l_1\sin\varphi_1 +$$

$$+ x_{C_3}l_1\cos\varphi_3 + y_{C_3}l_1\sin\varphi_3 \quad . \tag{32}$$

Verknüpft man in gleicher Weise die Gleichungen (19), (23), (24) und (28), erhält man:

$$x_{A_o}(x_{C_1} - x_{C_5} - l_1\cos\varphi_1 + l_1\cos\varphi_5) + y_{A_o}(y_{C_1} - y_{C_5} - l_1\sin\varphi_1 + l_1\sin\varphi_5) =$$

$$= \frac{x_{C_1}^2 + y_{C_1}^2 - x_{C_5}^2 - y_{C_5}^2}{2} - x_{C_1}l_1\cos\varphi_1 - y_{C_1}l_1\sin\varphi_1 +$$

$$+ x_{C_5}l_1\cos\varphi_5 + y_{C_5}l_1\sin\varphi_5 \quad . \tag{33}$$

Setzt man für l_1 und φ_1 bestimmte Werte ein, erniedrigt sich die Gesamtzahl der Unbekannten des Gleichungssystems auf 6; damit läßt sich das Gleichungssystem lösen. Die Gleichungen (32) und (33) lassen sich dann einfacher anschreiben:

$$x_{A_o}A_{13} + y_{A_o}B_{13} = C_{13} \tag{34}$$

$$x_{A_o}A_{15} + y_{A_o}B_{15} = C_{15} \quad . \tag{35}$$

Die Konstanten A, B und C sind den verknüpften Punkten (C_1 mit C_3 oder C_1 mit C_5) entsprechend indiziert.

Aus den Gleichungen (34) und (35) sind ohne weiteres die Koordinatenwerte x_{A_o} und y_{A_o} zu ermitteln. Dies ist die Lösung der in Bild 31 dargestellten Aufgabe für die Punkte C_1, C_3 und C_5, wobei l_1 und φ_1 frei gewählt werden können.

Ein zweites, dem ersten ähnliches Gleichungssystem, das sich auf die Punkte C_2, C_3 und C_4 bezieht und aus den Gleichungen (20), (21), (22), (25), (26) und (27) besteht, kann auf gleiche Weise gelöst werden. Wird für beide Gleichungssysteme bei gleich gewählten Werten l_1 und φ_1 die gleiche Lösung x_{A_o}, y_{A_o} erhalten, dann ist eine Lösung für das Gleichungssystem (19) ÷ (28) gefunden, da die beiden kleinen Gleichungssysteme über die Gleichungen (21) und (26) miteinander gekoppelt sind.

Für ein gewähltes Parameterpaar φ_1 und l_1 werden in dem Programm UG PKT die Lösungen der beiden kleineren Gleichungssysteme bestimmt, d.h. es werden die Mittelpunkte zweier Kreise ermittelt, die Kurbelkreise zu den gegebenen Punkten C_1, C_3, C_5 bzw. C_2, C_3, C_4 sind. Der Abstand DM zwischen diesen beiden Punkten zeigt, ob die gewählten Parameter eine Lösung des Gesamtgleichungssystems ermöglichen; dann nämlich, wenn DM = 0 ist.

In dem Programm müssen als Eingabedaten die Koordinaten der 5 vorgegebenen Koppelpunkte, die vier Winkel $\varphi_{i,i+1}$ (i = 1÷4) und außerdem ein Bereich für die Kurbellänge l_1 ($l_{1\,min}$, $l_{1\,max}$) vorgegeben werden. Mit einer Schrittweite von ($l_{1\,max} - l_{1\,min}$)/10 wird dann für jede Kurbellänge l_1 durch Variation von φ_1 zwischen $0°$ und $360°$ der Winkel φ_1 ermittelt, der den geringsten Abstand DM liefert.

Auf diese Weise erhält man zu jedem Wert l_1 die optimale Lösung. In einem Diagramm DM (l_1), das auf dem Bildschirm dargestellt wird, ist ersichtlich, für welchen Wert l_1 eine exakte Lösung der Aufgabe (DM = 0) oder die bestmögliche Lösung erhalten wird. Zur Erhöhung der Genauigkeit kann ein zweiter Programmlauf für einen kleineren Teilbereich von l_1 gestartet werden (vgl. Beispiel in Abschnitt 4). Unter dem Diagramm DM (l_1) erscheint auf dem Bildschirm ein Diagramm $l_5(l_1)$, das dazu dienen soll, den Platzbedarf der gefundenen Lösung übersehen zu können; eine große Länge l_5 besagt, daß der Kurbelkreis von den vorgegebenen Koppelpunkten weit entfernt liegt (vgl. Bild 31).

Die mit dem Programm UG PKT zu 5 antriebsbezogenen Punktlagen ermittelte Lösung ist nur eine Teillösung, da kein vollständiges Getriebe, sondern nur ein Kurbelkreis bestimmt wird. Als Ergebnis werden für jede Kurbellänge l_1 die Werte φ_1, l_5, x_{A_0}, y_{A_0} und DM ausgedruckt. Die für die Aufgabenstellung aus Bild 31 erhaltene Teillösung ist in Bild 32 wiedergegeben.

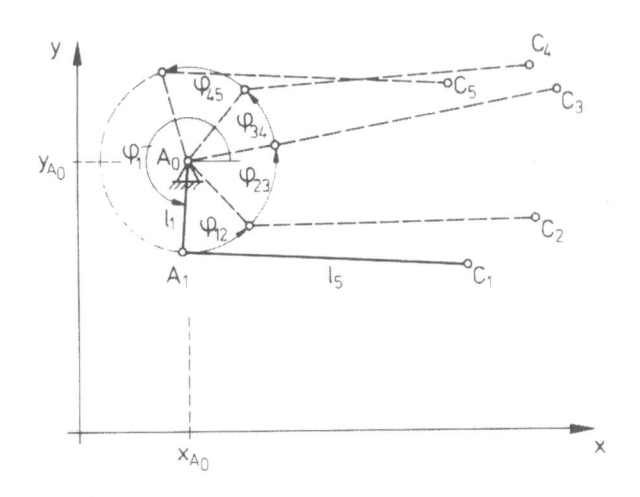

Bild 32 : Teillösung zu der Aufgabe aus Bild 31

Zu bemerken ist noch, daß für DM ≠ 0 das ausgedruckte Ergebnis für die Punkte C_1, C_3 und C_5 eine genaue Lösung darstellt, während für die Punkte C_2 und C_4 Lageabweichungen auftreten, die i. allg. jedoch erheblich kleiner sind als der Wert DM.

Nach einem Zwischenschritt (ZS 6, vgl. Bild 3) wird mit dem Programm UG FTN ein vollständiges Getriebe ermittelt. Dieser zweite Lösungsschritt wird in Abschnitt 3.4 beschrieben.

3.3.4 Das Programm UG FTN

Wenn fünf vorgegebene Punkte $C_1 \div C_5$ bei gleicher Aufgabenstellung wie in Abschnitt 3.3.3 auf einem Kreis liegen, dann ist damit die Winkel- oder Gliedlagenzuordnung zwischen zwei im Gestell drehbar gelagerten Getriebegliedern festgelegt (Bild 33). Die Aufgabenstellung "5 Punkte einer Uebertragungsfunktion" (vgl. Bild 3) wird durch den Zwischenschritt ZS 1 identisch mit der Aufgabe "5 spezielle antriebsbezogene Gliedlagen". Der Zwischenschritt ZS 1 wird durch Bild 33 verdeutlicht;

aus den 5 Punkten der Uebertragungsfunktion $\psi(\varphi)$ (Bild 33b) ist das
Bild 33a entwickelt worden.

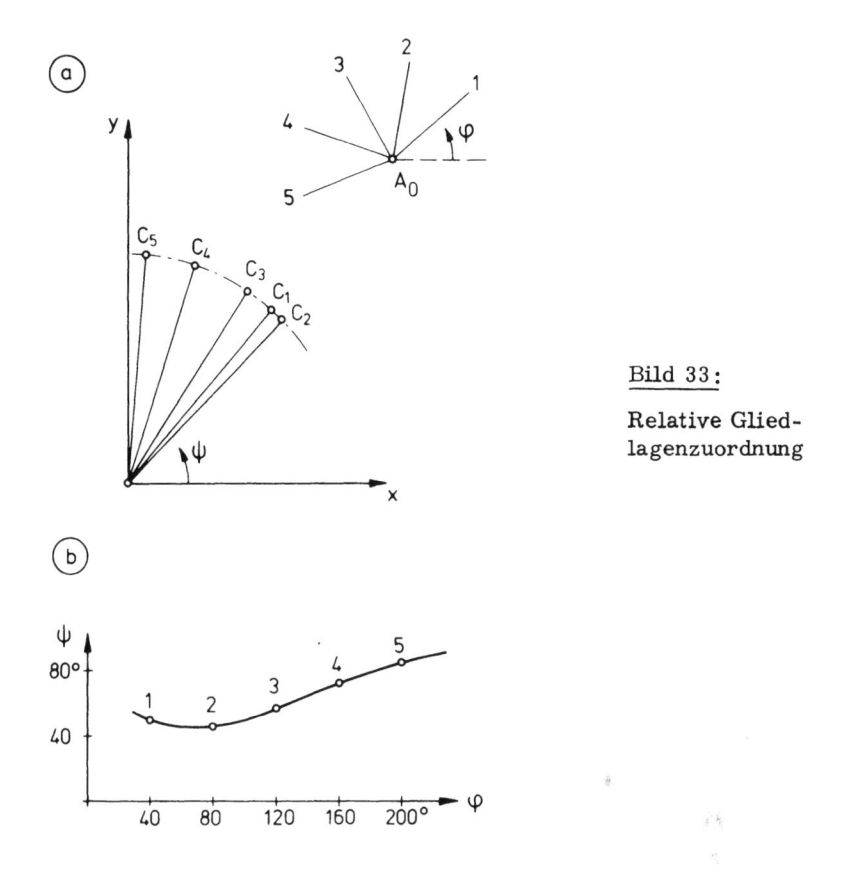

Bild 33:

Relative Gliedlagenzuordnung

Die Lösung der in Bild 33a dargestellten Aufgabe erfolgt auf gleiche Weise wie in Abschnitt 3.3.3 beschrieben. Die endgültige Lage des Kurbelsterns (x_{A_o}, y_{A_o}, φ_1) und der Kurbelradius l_1 ergeben sich wieder aus der Lösung des Gleichungssystems (19) ÷ (28). Das Ergebnis ist in Bild 34 wiedergegeben: Man erhält sofort ein vollständiges Getriebe, da der auf einem Kreis geführte Punkt C unmittelbar als Gelenkpunkt B genutzt werden kann. Aus diesem Grund ist es möglich, den Uebertragungswinkel μ in das Lösungsverfahren einzubeziehen. Für jedes Getriebe, das bei der schrittweisen Annäherung an die optimale Lösung berechnet wird, wird in einem Unterprogramm der kleinste Uebertragungswinkel μ_{min} ermittelt. Als Fehlerkriterium wird nicht nur der Abstand DM zwischen den beiden Kurbeldrehpunkten, die sich für die Punkte C_1, C_3, C_5 bzw. C_2, C_3, C_4 ergeben, genommen, sondern der Wert

$$DM^* = DM + (90 - \mu_{min}) \cdot G \ .$$

Mit dem Gewichtungsfaktor G kann der Einfluß des Uebertragungswinkels bei der Lösungsfindung variiert werden. Als Anhaltswerte können gelten:

G = 0,1 - geringer Einfluß des Uebertragungswinkels

G = 0,5 - großer Einfluß des Uebertragungswinkels

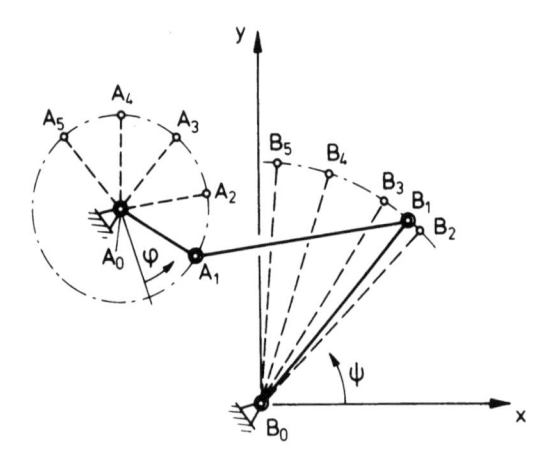

Bild 34: Uebertragungsgetriebe für die Aufgabe in Bild 33

Erforderliche Eingabedaten für das Programm UG FTN bei

a) Aufgabenstellung "5 spezielle antriebsbezogene Gliedlagen":

1. Die Koordinaten des Gestelldrehpunktes B_o ,

2. die Länge des Getriebegliedes $\overline{B_o B}$,

3. die Winkel $\psi_1 \div \psi_5$ zwischen den 5 Getriebegliedstellungen und der x-Achse,

4. die 4 Antriebsdifferenzwinkel $\varphi_{i, i+1}$ (i = 1÷4),

5. ein Bereich für die Kurbellänge l_1 .

Lösungsablauf: Auffinden einer Lösung mit Hilfe der auf dem Bildschirm erscheinenden Diagramme $DM(l_1)$ und $\mu_{min}(l_1)$. Ausdrucken aller ermittelten Getriebeparameter: x_{A_o}, y_{A_o}, φ_1, l_1, l_2, l_3, l_4, μ_{min}, DM.

Anmerkung: Durch Vorzeichenumkehr bei den Eingabewinkeln $\varphi_{1,2} \div \varphi_{4,5}$ (Umkehr der Kurbeldrehrichtung) kann u. U. eine bessere Lösung gefunden werden.

b) Aufgabenstellung "5 Punkte einer Uebertragungsfunktion":

    1. Die Winkel $\psi_1 \div \psi_5$,

    2. die Winkel $\varphi_1 \div \varphi_5$,   (vgl. Bild 33b)

    3. ein Bereich für die Kurbellänge l_1 .

Lösungsablauf: wie unter a)

Anmerkung: Die Vorzeichenumkehr bei den Winkeln $\varphi_1 \div \varphi_5$ kann auch hier zu einer besseren Lösung führen. Im Zwischenschritt ZS1 wird $x_{B_0} = y_{B_0} = 0$ und $l_3 = \overline{B_0 B} = 100$ gesetzt. Die Stellung 1 des Getriebegliedes $B_0 B$ fällt mit der positiven x-Achse zusammen. Aus $l_3 = 100$ ergeben sich Anhaltswerte für $l_{1\,min}$ und $l_{1\,max}$.

Bei beiden Aufgaben beeinflußt die gewählte Gliedlänge l_3 nicht die Lösungsfindung. Eine Vergrößerung von l_3 ergibt ein maßstäblich vergrößertes Getriebe, das aber dieselbe Uebertragungsfunktion $\psi(\varphi)$ hat.

Es kann gezeigt werden, daß für die beiden beschriebenen Aufgabenstellungen a) und b) in jedem Fall eine exakte Lösung durch ein viergliedriges Kurbelgetriebe existieren muß [23]. Zur Erfüllung ungünstiger Aufgabenstellungen können jedoch beide Bewegungsbereiche eines Kurbelgetriebes erforderlich sein, was in der Praxis nicht realisierbar ist.

Die einfache und schnelle Synthese eines viergliedrigen Kurbelgetriebes zur Nachbildung einer vorgegebenen Uebertragungsfunktion in 5 frei wählbaren Punkten bedeutet einen wesentlichen Fortschritt gegenüber bisherigen Verfahren. Die Annäherung einer Uebertragungsfunktion in beliebig vielen Punkten kann nochmals eine wesentliche Steigerung der Nachbildegenauigkeit bringen. Dieser Lösungsweg bzw. der erforderliche Zwischenschritt ZS2 wird in Abschnitt 3.4 behandelt.

3.3.5 Das Programm UG LGN

Es soll ein viergliedriges Kurbelgetriebe ermittelt werden, dessen Koppelebene durch drei vorgeschriebene Ebenenlagen geführt wird; zwischen Erreichen der drei Lagen soll die Kurbel die vorgeschriebenen Winkel φ_{12} und φ_{23} durchlaufen (Bild 35).

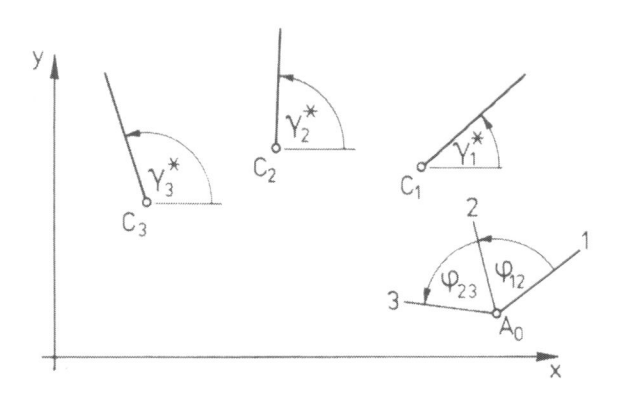

Bild 35 : 3 Ebenenlagen mit Antriebszuordnung

In Bild 36 ist die Bewegung der Koppelebene (bzw. der Strecke l_5) aufgegliedert in eine Verschiebung und anschließende Drehung. Beispielsweise wird A_1C_1 parallel so verschoben, daß A_1 nach A_2 und C_1 nach H_{12} wandert. Auf diese Weise werden drei Hilfspunkte H_{12}, H_{23} und H_{13} gefunden.

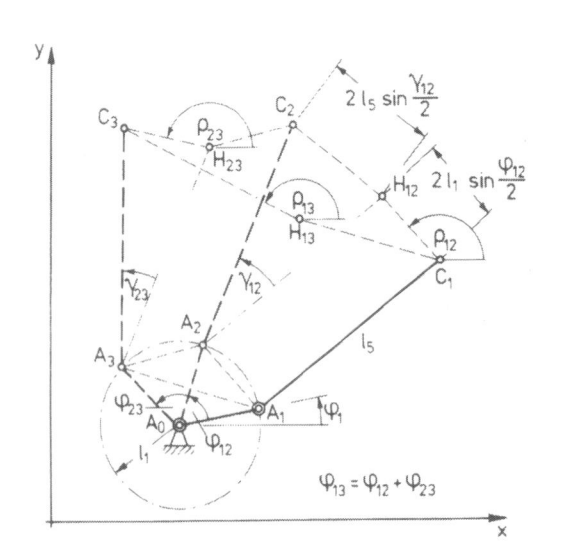

Bild 36:

Ermittlung der Hilfspunkte H_{12}, H_{23} und H_{13}

Die zwischen den drei Ebenenlagen durchlaufenen Koppelwinkel sind bekannt:

$$\begin{aligned}\gamma_{12} &= \gamma_2^* - \gamma_1^* \\ \gamma_{23} &= \gamma_3^* - \gamma_2^* \\ \gamma_{13} &= \gamma_3^* - \gamma_1^*\end{aligned} \qquad (36\ a\text{-}c)$$

Aus Bild 36 liest man ab:

$$x_{H_{12}} = x_{C_1} + 2\,\underline{l_1}\,\sin\frac{\varphi_{12}}{2}\cos \rho_{12} \qquad (37)$$

$$y_{H_{12}} = y_{C_1} + 2\,\underline{l_1}\,\sin\frac{\varphi_{12}}{2}\sin \rho_{12} \qquad (38)$$

mit $\qquad \rho_{12} = \underline{\varphi_1} + 90^\circ + \dfrac{\varphi_{12}}{2}\ . \qquad (39)$

Unbekannte Größen sind unterstrichen.

Weiter ergibt sich:

$$\overline{H_{12}C_2} = 2\,\underline{l_5}\,\sin\frac{\gamma_{12}}{2}\ , \qquad (40)$$

$$(\overline{H_{12}C_2})^2 = (x_{H_{12}} - x_{C_2})^2 + (y_{H_{12}} - y_{C_2})^2 . \qquad (41)$$

Durch Einsetzen der Gleichungen (37) und (38) erhält man nach einigen Umformungen:

$$l_5^2 = l_1^2\,\frac{\sin^2(\varphi_{12}/2)}{\sin^2(\gamma_{12}/2)} + l_1\,\frac{\sin(\varphi_{12}/2)}{\sin^2(\gamma_{12}/2)}\Big[(x_{C_1} - x_{C_2})\cos\rho_{12} +$$

$$+ (y_{C_1} - y_{C_2})\sin\rho_{12}\Big] + \frac{x_{C_1}^2 + x_{C_2}^2 + y_{C_1}^2 + y_{C_2}^2 - 2x_{C_1}x_{C_2} - 2y_{C_1}y_{C_2}}{4\sin^2(\gamma_{12}/2)}$$

$$(42)$$

oder in kürzerer Form:

$$l_5^2 = A_{12}l_1^2 + B_{12}l_1 + C_{12}. \qquad (43)$$

wobei A_{12} und C_{12} Konstanten sind. Durch Einsetzen von Gleichung (39) wird $B_{12} = B_{12}(\varphi_1)$. Ueber die Hilfspunkte H_{23} und H_{13} ergibt sich analog:

$$l_5^2 = A_{23} l_1^2 + B_{23} l_1 + C_{23} \tag{44}$$

und $$l_5^2 = A_{13} l_1^2 + B_{13} l_1 + C_{13} \tag{45}$$

Dabei sind die Winkel

$$\rho_{23} = \varphi_1 + \varphi_{12} + 90° + \frac{\varphi_{23}}{2} \tag{46}$$

und $$\rho_{13} = \varphi_1 + 90° + \frac{\varphi_{13}}{2} \tag{47}$$

einzusetzen. Die drei Gleichungen (43), (44) und (45) enthalten die drei unbekannten Größen l_1, l_5 und φ_1. Mit dem Programm UG LGN wird eine Lösung auf iterativem Weg schnell gefunden.

Eingabedaten für das Programm sind (vgl. Bild 35):

1. Die Koordinaten der drei Punkte C_1, C_2 und C_3,
2. die Winkel γ_1^*, γ_2^* und γ_3^*,
3. die Drehwinkel φ_{12} und φ_{23}.

Ausgedruckt werden (vgl. Bild 36):

1. Der Kurbelwinkel φ_1 zwischen der Kurbelstellung 1 und der x-Achse,
2. die Kurbellänge $l_1 = \overline{A_0 A}$,
3. die Koordinaten des Kurbeldrehpunktes A_0,
4. die Strecke $l_5 = \overline{AC}$.

Es ergeben sich immer zwei (oder keine) Lösungen, die jedoch - wie aus Bild 36 ersichtlich - als Teillösungen anzusehen sind, da kein vollständiges Getriebe, sondern nur die Führung der Koppelebene (bzw. der Koppelgeraden AC) in vorgeschriebener Weise vorliegt.

Die Ergänzung zu einem vollständigen Getriebe ist bei drei vorgegebenen Gliedlagen einfach, da drei homologe Punkte immer auf einem Kreis liegen und somit theoretisch jeder Punkt der Koppelebene als Gelenkpunkt B brauchbar ist.

Als Zwischenschritt ZS 5 zur Auffindung eines Getriebes mit guten Uebertragungsverhältnissen und zur Beachtung vorliegender Platzeinschränkungen kann mit einem Programm zu einem gewählten Gelenkpunkt B das vollständige Getriebe ermittelt, auf dem Bildschirm dargestellt und der kleinste Uebertragungswinkel ausgedruckt werden.

3.4 Die Anpassung besonderer Aufgabenstellungen an die Optimierungsprogramme
(Erläuterung der erforderlichen Zwischenschritte)

Die Aufgabenstellung "n Punkte einer Uebertragungsfunktion" (vgl. Bild 3), für die als Ergebnis ein Uebertragungsgetriebe gesucht wird, wird durch den Zwischenschritt ZS 2 umgewandelt und dann mit dem Programm FG LGN A (FG LGN B) behandelt - also mit einem Programm, das ein Führungsgetriebe für Gliedlagen liefert. Auch für andere Aufgabenstellungen sind Zwischenschritte zur Anpassung an die Optimierungsprogramme erforderlich.

Die Notwendigkeit und die Funktionsweise der in Bild 3 aufgeführten Zwischenschritte werden in diesem Abschnitt erläutert.

Der Zwischenschritt ZS 1 wurde bereits in Abschnitt 3.3.4 und der Zwischenschritt ZS 5 in Abschnitt 3.3.5 beschrieben.

Zwischenschritt ZS 2

Oft zeigt sich, daß eine Uebertragungsfunktion $\psi(\varphi)$ durch exaktes Durchlaufen von 5 Punkten im Gesamtverlauf nicht befriedigend nachgebildet wird. Eine A n n ä h e r u n g an die vorgegebene Funktion über den gesamten Funktionsbereich bringt oft eine erheblich bessere Lösung.

Aus n Punkten einer vorgegebenen Uebertragungsfunktion $\psi(\varphi)$ erhält man die in Bild 37a wiedergegebene Figur. Die Gestellänge $l_4 = \overline{B_o A_o}$ ist für die Lösungsfindung ohne Bedeutung - sie wird im ZS 2 gleich 100 gesetzt. Aus der Figur in Bild 37a wird durch Gestellwechsel, d.h. durch Festhalten des Gliedes 3 und durch die bekannte Relativbewegung der Getriebeglieder 4 und 1 die Aufgabenstellung gemäß Bild 37b erhalten.

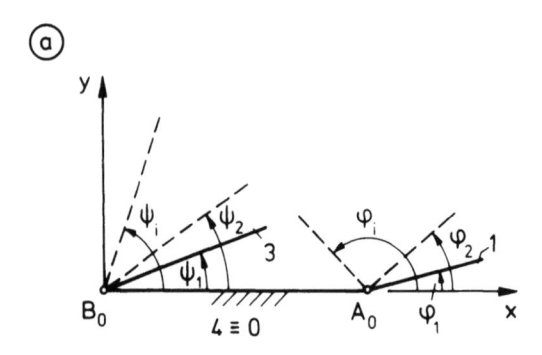

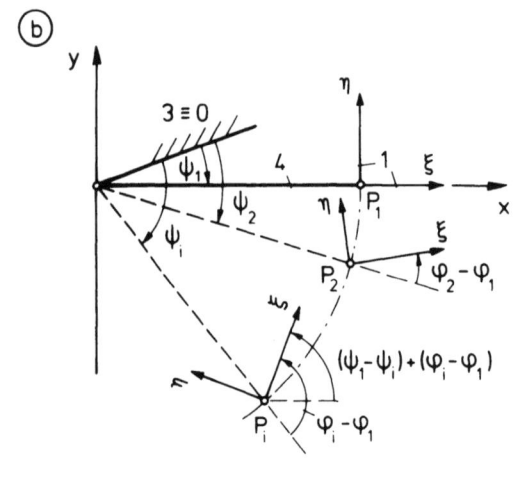

Bild 37:
Zwischenschritt ZS 2

In dieser Aufgabenstellung sind n Ebenenlagen vorgegeben, festgelegt durch die Punkte P_i und durch die Winkel $(\psi_1-\psi_i)+(\varphi_i-\varphi_1)$, $i=1 \div n$. Diese Ebenenlagen werden aus n Punkten einer vorgegebenen Uebertragungsfunktion erhalten. Die Anzahl n ist beliebig, es hat sich jedoch gezeigt, daß durch etwa 20 Funktionspunkte eine gute Annäherung an die Funktion erzielt wird, die sich durch eine Erhöhung der Punktezahl nur unwesentlich ändert.

Die homologen Punkte P_i der allgemein bewegten Ebene 1 liegen auf einem Kreis. Wie in den Abschnitten 3.3.1 beschrieben, wird jetzt durch das Programm FG LGN A mit Hilfe des Fehlerkriteriums SF_n^* ein weiterer Punkt der Ebene 1 gesucht, dessen n homologe Lagen a n g e n ä h e r t auf einem Kreis liegen. Ist ein solcher Punkt gefunden, dann wird der Gestellwechsel rückgängig gemacht, und das so erhaltene Kurbelgetriebe hat eine Uebertragungsfunktion $\psi(\varphi)$, die der vorgegebenen Funktion a n g e n ä h e r t ist.

Die Eingabedaten für das Programm FG LGN A (FG LGN B) mit Zwischenschritt ZS 2 sind:

1. Die Anzahl n der vorgegebenen Punkte einer Uebertragungsfunktion $\psi(\varphi)$,
2. die Winkel $\psi_1 \div \psi_n$,
3. die Winkel $\varphi_1 \div \varphi_n$,
4a. und 4b. entsprechend den Angaben unter 3a. und 3b. in Abschnitt 3.3.1,
5a. und 5b. entsprechend den Angaben unter 4a. und 4b. in Abschnitt 3.3.1.

Die Abgrenzung des auf der Ebene 1 (Kurbelebene) zu untersuchenden Bereiches ist hier einfach, da die Gestellänge $l_4 = 100$ des zu ermittelnden Uebertragungsgetriebes festliegt. Falls gemäß Aufgabenstellung eine Kurbelschwinge gesucht wird (schwingender Abtrieb), dann können folgende Anhaltswerte angegeben werden:

$$\xi_{min} = \eta_{min} = -80, \quad \xi_{max} = \eta_{max} = 80 \ .$$

Die Ausgabe von Ergebnissen erfolgt in gleicher Weise wie in Abschnitt 3.3.1 beschrieben.

Die Auswertung eines Ergebnisses zu einem vollständigen Kurbelgetriebe ist in Bild 38 dargestellt.

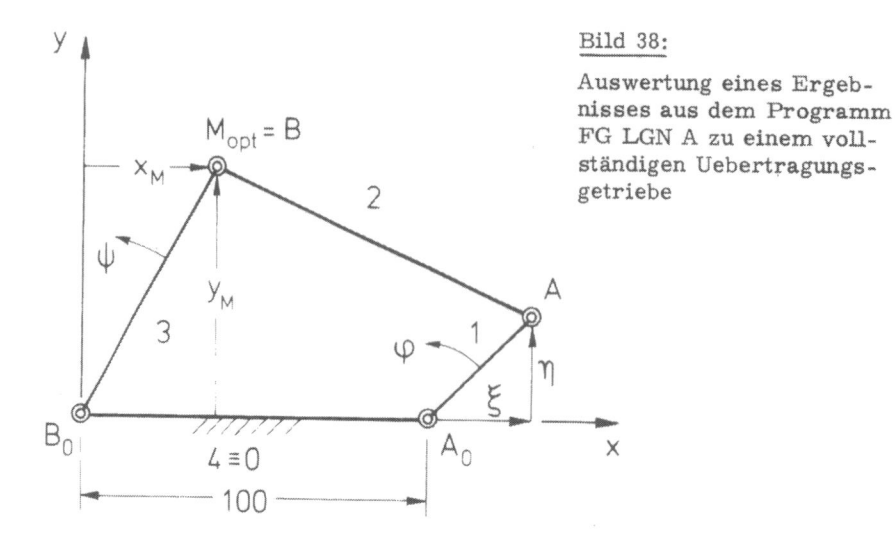

Bild 38:

Auswertung eines Ergebnisses aus dem Programm FG LGN A zu einem vollständigen Uebertragungsgetriebe

Anmerkung:

Auch hier kann durch Vorzeichenumkehr bei den Eingabedaten $\varphi_1 \div \varphi_n$ u. U. ein besseres Ergebnis erzielt werden.

Zwischenschritt ZS 3

Wenn ein Teilstück einer vorgegebenen Koppelkurve nachgebildet werden soll, dann können durch geeignete Wahl eines Kurbelkreises und einer Koppellänge l_5 aus n Punkten des Kurvenstückes n Lagen der Koppelebene erhalten werden (Bild 39).

Zu diesen n Lagen - festgelegt durch die Punkte $A_1 \div A_n$ und durch die Winkel $\gamma_1^* \div \gamma_n^*$ - kann mit Hilfe des Programms FG LGN A (FG LGN B) neben dem bekannten Kreispunkt A ein weiterer Kreispunkt B ermittelt werden, wodurch dann ein vollständiges Kurbelgetriebe vorliegt, dessen Koppelpunkt C eine Kurve beschreibt, die das vorgegebene Kurvenstück enthält.

Die freie Wahl eines Kurbelkreises ist das eigentliche Problem bei dieser Aufgabenstellung. Sie erfordert etwas Erfahrung, bietet aber

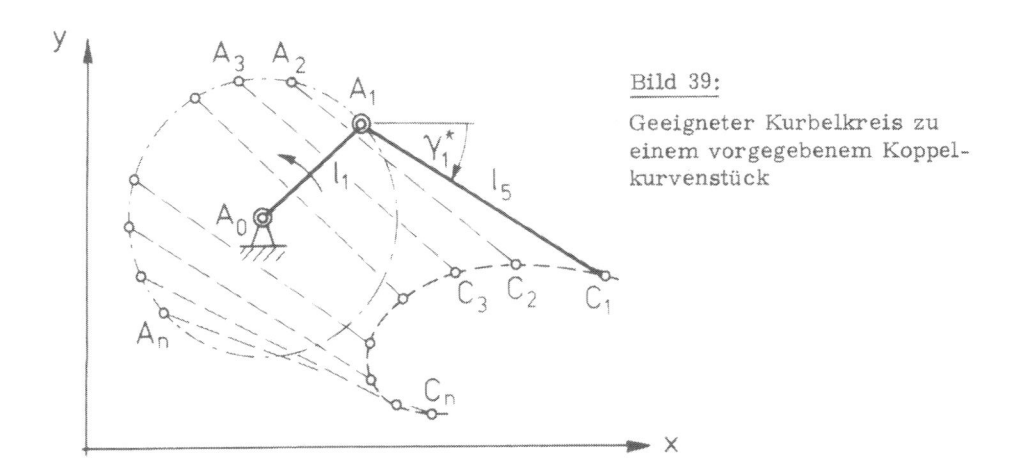

Bild 39:

Geeigneter Kurbelkreis zu einem vorgegebenem Koppelkurvenstück

andererseits die Möglichkeit, vorliegende Platzverhältnisse zu berücksichtigen. Wie bei geschlossenen Koppelkurven kann auch hier die Punktefolge $A_1 \div A_n$ für eine rechts- als auch für eine links-umlaufende Kurbel bestimmt werden.

Zwischenschritt ZS 4

Kann ein vorgegebenes Teilstück einer Koppelkurve sinnvoll zu einer geschlossenen Koppelkurve ergänzt werden, dann kann die Lösung mit Hilfe der Programme FG PKT A und FG PKT B erfolgen. 36 gleichmäßig auf der gesamten Kurve verteilte Punkte werden festgelegt und von diesen 36 Punkten dann 9 Punkte, die auf dem vorgegebenen Kurvenstück liegen, für das eigentliche Optimierungsverfahren ausgewählt (vgl. Abschnitt 3.3.2).

Zwischenschritt ZS 6

Bei der Aufgabenstellung " 5 antriebsbezogene Punktlagen " wird mit dem Programm UG PKT zunächst nur ein Kurbelkreis ermittelt (vgl. Abschnitt 3.3.3).

Bei der Aufgabenstellung " 5 allgemeine Gliedlagen " wird mit dem Programm FG LGN A (FG LGN B) oft zunächst nur ein Punkt der bewegten

Ebene gefunden, dessen 5 homologe Lagen auf einem Kreis liegen.

In beiden Fällen liegt zur endgültigen Lösung der Aufgabe folgende Problemstellung vor:

Zu 5 Lagen einer allgemein bewegten Ebene ist ein Kreispunkt A bekannt (Bild 40). Außer diesem bekannten Punkt (Burmesterscher Kreispunkt) muß es - wie bereits erwähnt - wenigstens einen, höchstens jedoch drei weitere Kreispunkte auf der bewegten Ebene geben. Diese sollen mit Hilfe des Programms UG FTN ermittelt werden.

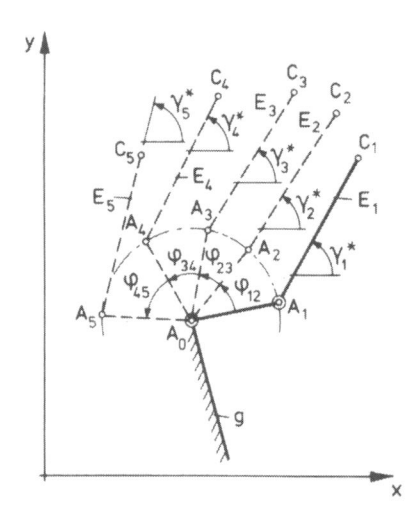

Bild 40:

5 Ebenenlagen mit einem bekannten Kreispunkt A

In dem Zwischenschritt ZS 6 wird ein Gestellwechsel durchgeführt, durch den eine andere Aufgabenstellung als die in Bild 40 vorliegende erreicht wird.

In Bild 40 ist eine beliebige Gerade g des Gestells eingezeichnet. Wird nun das Getriebeglied A_oA in der ersten Stellung festgehalten und die Koppelgerade AC sowie das Gestell in den vier weiteren relativen Lagen zu A_oA eingezeichnet, dann ergibt sich Bild 41.

Das Gestell (bzw. die Gestellgerade g) durchläuft zwischen den Lagen 1 ÷ 5 die bekannten Winkel φ_{12}, φ_{23}, φ_{34} und φ_{45}. Dabei ist jedoch zu beachten, daß die Drehrichtung und somit das Vorzeichen der Winkel geändert ist.

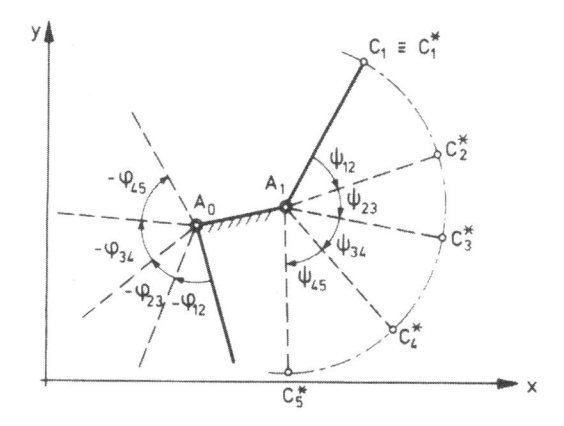

Bild 41: Umkehrung der Aufgabenstellung aus Bild 40

Für die Gerade AC auf der Ebene E erhält man die relativen Drehwinkel

$$\psi_{12} = \gamma_2^* - \gamma_1^* - \varphi_{12}$$
$$\psi_{23} = \gamma_3^* - \gamma_2^* - \varphi_{23}$$
$$\psi_{34} = \gamma_4^* - \gamma_3^* - \varphi_{34}$$
$$\psi_{45} = \gamma_5^* - \gamma_4^* - \varphi_{45} \quad .$$

(48 a-d)

Diese Winkel sind aus der Aufgabenstellung (Bild 40) bekannt. Das Bild 41 zeigt nun prinzipiell die gleiche Aufgabe wie Bild 33a in Abschnitt 3.3.4 und es kann zur Lösung das gleiche Verfahren angewendet werden, nämlich das Programm UG FTN.

Da zu den 5 allgemeinen Gliedlagen aus Bild 40 ein zweiter Burmesterscher Punkt gesucht wird (der ja existieren muß), m u ß es für die Aufgabenstellung nach Bild 41 eine Lösung geben.

Der Zwischenschritt ZS 6 wird nach dem Programm UG PKT automatisch und nach dem Programm FG LGN A (FG LGN B) auf Anforderung aufgerufen und durchgeführt. Nach Umkehrung der Aufgabenstellung (Gestellwechsel) wird mit dem Programm UG FTN in der in Abschnitt 3.3.4 beschriebenen Weise ein vollständiges Getriebe ermittelt.

Durch den Zwischenschritt ZS 7 wird der Gestellwechsel rückgängig gemacht, damit aus der Lösung für die umgekehrte Aufgabenstellung (Bild 41) eine Lösung für die ursprüngliche Aufgabenstellung (Bild 40) erhalten wird.

Zwischenschritt ZS 7

In Bild 42 ist die Lösung für die in Bild 41 vorgegebene Aufgabe eingezeichnet. Sie ist als Zwischenlösung für die Aufgabe gemäß Bild 40 zu betrachten. Mit $A_o^* A_1$ als Gestell erfüllt das Getriebe $A_o^* A_1 B_1^* B_o^*$ zunächst die Forderungen nach Bild 41: Wird nämlich Glied $A_o^* B^*$ um die Winkel $-\varphi_{12}$, $-\varphi_{23}$, $-\varphi_{34}$ und $-\varphi_{45}$ weitergedreht, dann bewegt sich Glied $A_1 B_1^*$ jeweils um die Winkel ψ_{12}, ψ_{23}, ψ_{34} und ψ_{45} weiter. Mit $A_o^* B_o^*$ als Gestell ist zwischen der Kurbel $A_o^* A_1$ und der Koppel $A_1 B_1^*$ die in Bild 40 dargestellte Winkelzuordnung erfüllt.

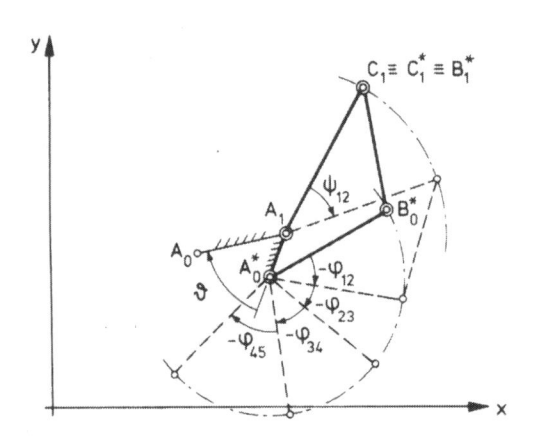

Bild 42: Zwischenlösung für die Aufgabenstellung aus Bild 40

Multipliziert man alle Gliedlängen des Getriebes aus Bild 42 mit dem Faktor $\overline{A_o A_1}/\overline{A_o^* A_1}$ und dreht das Getriebe um den Winkel ϑ, dann erhält man das in Bild 43 gezeigte Getriebe. Auch bei diesem Getriebe ist zwischen Kurbel und Koppel die in Bild 40 dargestellte Winkelzuordnung gewährleistet - folglich läuft der Punkt C der Koppel durch die vorgeschriebenen Lagen $C_1 \div C_5$ und die Antriebszuordnung $\varphi_{1,2} \cdots \varphi_{4,5}$ ist erfüllt.

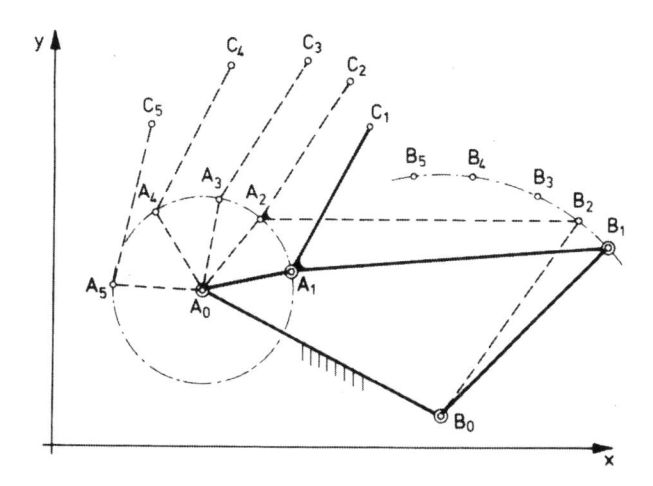

Bild 43: Führungsgetriebe für 5 Ebenenlagen

Die in der vorliegenden Arbeit beschriebenen Verfahren zur Maßsynthese viergliedriger ebener Kurbelgetriebe unterscheiden sich prinzipiell von bisher veröffentlichten Syntheseverfahren. Da eine Gegenüberstellung aller Verfahren sehr umfangreiche Ausführungen erfordern würde und da eine Bewertung erst nach längerer praktischer Erfahrung sinnvoll erscheint, sind die bisher noch nicht erwähnten neueren Arbeiten über das Thema "Getriebesynthese" lediglich im Schrifttumsverzeichnis aufgeführt [39 bis 48].

4. Beispiel eines Programmablaufes

In diesem Abschnitt soll verdeutlicht werden, wie der Konstruktionsaufwand, der zur Synthese eines Getriebes erforderlich ist, zwischen dem Rechner und dem Konstrukteur aufgeteilt werden kann.

Hierzu sei beispielhaft die Aufgabe gestellt, ein viergliedriges ebenes Kurbelgetriebe zu suchen, dessen Koppelpunkt C in den fünf Antriebsstellungen $\varphi_1 \div \varphi_5$ die allgemeinen Lagen $C_1 \div C_5$ einnimmt (vgl. Aufgabentyp II C in Abschnitt 3.2).

Mit dem Befehl *LAZVEK, der über die Steuereinheit der Rechenanlage z.B. den Bedienungsblattschreiber eingegeben wird, wird das Programm LAZVEK aufgerufen. Unmittelbar nach dem Ladevorgang, der sich zwischen der Magnetplatteneinheit und dem Kernspeicher des Rechners vollzieht, beginnt die Abarbeitung des Programms mit der Abfrage der Aufgabenstellung. Die Alternativen des Aufgabenteils, die sich aus einer jeweils vorgeschalteten Verzweigung ergeben, erscheinen stets gleichzeitig mit ausführlichen Erläuterungen auf dem Bildschirm und können mit Hilfe des Lichtstiftes angesprochen werden. Hat der Benutzer die seiner Aufgabenstellung entsprechende Entscheidung gefällt, so erlischt die Bildschirminformation und die daraufolgenden Alternativen werden auf dem Bildschirm sichtbar. Nach der Eingabe der Aufgabenstellung sucht der Rechner das geeignete Optimierungsprogramm und fordert vom Benutzer systematisch die Eingabe der benötigten Eingabegrößen, die ihm über den Bildschirm oder eine der Eingabeeinheiten übermittelt werden können. Erst dann setzt der eigentliche Optimierungsvorgang ein.

Die folgenden Bilder zeigen, in welcher Form die für die gestellte Aufgabe maßgeblichen Informationen dem Benutzer vom Rechner über den Bildschirm mitgeteilt werden und welche Einflußnahme sich für den Benutzer bietet.

Bild 44: Die gestellte Aufgabe gehört hinsichtlich der zu erfüllenden technischen Funktion zur Gruppe der Uebertragungsgetriebe, da eine Verknüpfung zwischen den Lagen des Koppelpunktes und den Antriebsstellungen besteht. Es ist somit die Alterna-

LAGENZUORDNUNG VIERGLIEDRIGER EBENER KURBELGETRIEBE

PROGRAMMSCHRITT: TECHNISCHE FUNKTION DES GETRIEBES

ALTERNATIVEN   ERLAEUTERUNGEN

* A) UEBERTRAGUNGS - GETRIEBE   VORGEGEBENE LAGEN WERDEN IN VORGESCHRIEBENEN WINKELSCHRITTEN DES ANTRIEBSGLIEDES (BEI KONSTANTER ANTRIEBS-WINKELGESCHWINDIGKEIT AUCH ZEITINTERVALLEN) DURCHLAUFEN.
ES LIEGT EINE VERKNUEPFUNG ZWISCHEN EINER ALLGEMEINEN LAGE UND DER ANTRIEBSSTELLUNG VOR.

   B) FUEHRUNGS - GETRIEBE   VORGEGEBENE LAGEN WERDEN DURCHLAUFEN.
ES LIEGT KEINE VERKNUEPFUNG ZWISCHEN EINER ALLGEMEINEN LAGE UND DER ANTRIEBSSTELLUNG VOR.

Bild 44

BENUTZUNGS - HINWEIS: DIE GEWUENSCHTE ALTERNATIVE IST ZU PICKEN

tive A) mit Hilfe des Lichtstiftes auszusprechen (zu " picken ").

Der Stern*, der vor die Alternative A) gezeichnet ist, kennzeichnet die für das Beispiel richtige Entscheidung.

Bild 45 : Als vorgegebene Lage ist die Alternative " B) PUNKTLAGEN " zu picken.

Bild 46 : Von den 3 angebotenen Aufgabenstellungen kommt für das zu besprechende Beispiel die Alternative C) in Frage.

Bild 47 : Ist die Entscheidung gefallen, um welchen Aufgabentyp es sich handelt, so beginnt die Abarbeitung des maßgeblichen Optimierungsprogramms. Zunächst müssen vom Benutzer die angestrebten Punktlagen und die zugehörigen Antriebslagen eingegeben werden. Falls die Koordinatenwerte der 5 Punktlagen und die zugehörigen Antriebswinkel genau einzuhalten sind, so empfiehlt es sich, die Zahlenwerte numerisch einzulesen. Gebräuchliche Methoden sind das Einlesen gestanzter Lochkarten oder das Eintippen der Werte mittels des Bedienungsblattschreibers.

Als handlichere Vorgehensweise ist die graphische Eingabe am aktiven Bildschirm mit Hilfe eines Lichtstiftes zu nennen, die im folgenden benutzt und beschrieben wird.

Bild 48 : Ein auf dem Bildschirm erscheinendes verschiebbares Kreuz +, das sogenannte TRACKING-CROSS, läßt sich mit dem Lichtstift in jede beliebige Lage bringen. Nach dem Auslösen einer Drucktaste werden die aktuellen Koordinatenwerte rechnerintern abgespeichert. Die genaue Positionierung wird durch ein Raster erleichtert. Die eingelesenen Koordinatenwerte können auf dem Bildschirm ausgegeben, gelöscht und verbessert werden. Für akzeptierte Werte erfolgt eine kreisförmige Markierung im Raster.

Bild 49 : Die jeweilige Lage des Antriebsgliedes läßt sich auch mit Hilfe des TRACKING-CROSSES eingeben, wenn die Verbindungslinie zwischen einem eingegebenen Punkt und dem Mittelpunkt des Winkelrasters als Antriebsstellung aufgefaßt wird. Da für die Lösung der gestellten Aufgabe die Winkel zwischen den 5

-63-

LAGENZUORDNUNG VIERGLIEDRIGER EBENER KURBELGETRIEBE

PROGRAMMSCHRITT: BESCHREIBUNG VORGEGEBENER LAGEN

ALTERNATIVEN   ERLAEUTERUNGEN

A) GLIEDLAGEN

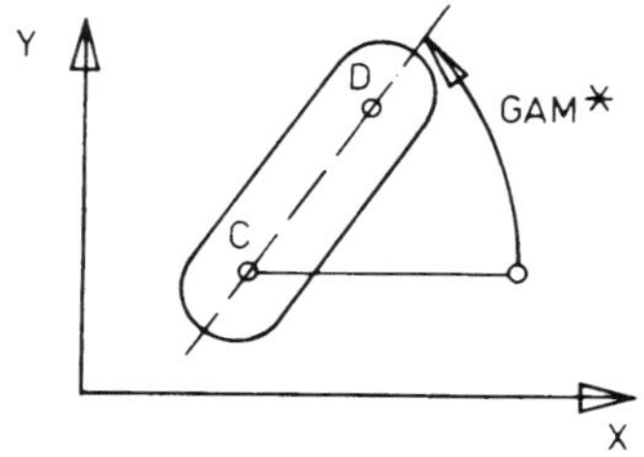

FESTLEGUNG EINER GLIEDLAGE

A) DURCH DIE KOORDINATEN ZWEIER GLIEDPUNKTE C UND D
ODER
B) DURCH DIE KOORDINATEN EINES GLIEDPUNKTES C UND DEN LAGENWINKEL GAM*

* B) PUNKTLAGEN

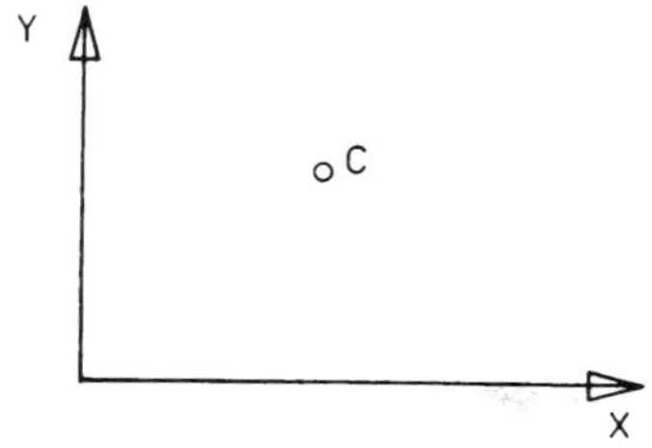

FESTLEGUNG EINER PUNKTLAGE DURCH DIE KOORDINATEN DES PUNKTES C.
PUNKTE EINER UEBERTRAGUNGS-FUNKTION WERDEN DURCH FUNKTIONSWERTE PSI (PHI) FESTGELEGT.

BENUTZUNGS-HINWEIS: DIE GEWUENSCHTE ALTERNATIVE IST ZU PICKEN.

Bild 45

LAGENZUORDNUNG VIERGLIEDRIGER EBENER KURBELGETRIEBE

PROGRAMMSCHRITT: AUFGABENSTELLUNGEN

ALTERNATIVEN

A) 5 PUNKTE EINER UEBER-
TRAGUNGSFUNKTION

ERLAEUTERUNGEN

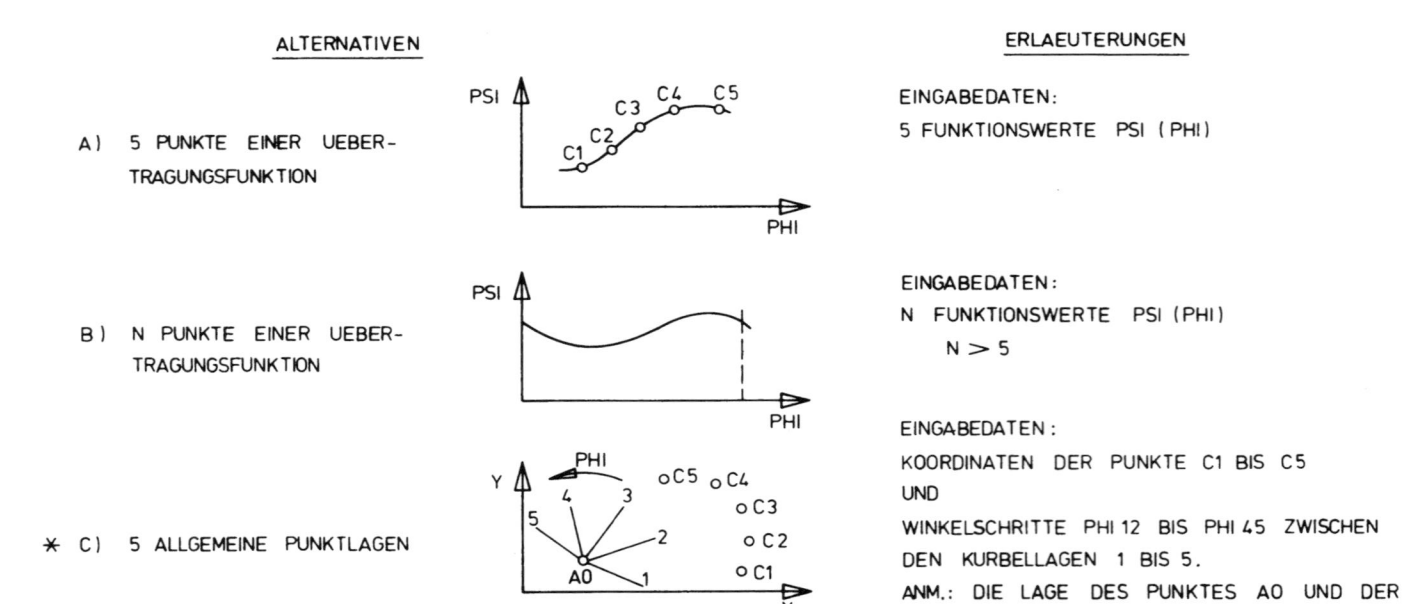

EINGABEDATEN:
5 FUNKTIONSWERTE PSI (PHI)

B) N PUNKTE EINER UEBER-
TRAGUNGSFUNKTION

EINGABEDATEN:
N FUNKTIONSWERTE PSI (PHI)
$N > 5$

* C) 5 ALLGEMEINE PUNKTLAGEN

EINGABEDATEN:
KOORDINATEN DER PUNKTE C1 BIS C5
UND
WINKELSCHRITTE PHI 12 BIS PHI 45 ZWISCHEN
DEN KURBELLAGEN 1 BIS 5.
ANM.: DIE LAGE DES PUNKTES A0 UND DER
WINKEL ZWISCHEN KURBELLAGE 1 UND
GESTELLAGE SIND AUSGABEGROESSEN.

BENUTZUNGS-HINWEIS.: DIE GEWUENSCHTE ALTERNATIVE IST ZU PICKEN.

Bild 46

LAGENZUORDNUNG VIERGLIEDRIGER EBENER KURBELGETRIEBE

PROGRAMMSCHRITT : WAHL DER EINGABEFORM

ALTERNATIVEN   ERLAEUTERUNGEN

* A) GRAPHISCH   HILFSMITTEL :   LICHTSTIFT UND BILDSCHIRM
                        VORTEIL   :   EINGABE OHNE WECHSEL DES
                                        ARBEITSPLATZES

  B) NUMERISCH   HILFSMITTEL :   BEDIENUNGSBLATTSCHREIBER ODER
                                        LOCHKARTENLESER
                        VORTEIL   :   EINGABE GENAU VORGESCHRIEBENER
                                        ZAHLENWERTE

BENUTZUNGS-HINWEIS :   DIE GEWUENSCHTE ALTERNATIVE IST ZU PICKEN.

Bild 47

LAGENZUORDNUNG VIERGLIEDRIGER EBENER KURBELGETRIEBE

PROGRAMMSCHRITT: EINGABE DER 5 LAGEN DES KOPPELPUNKTES C

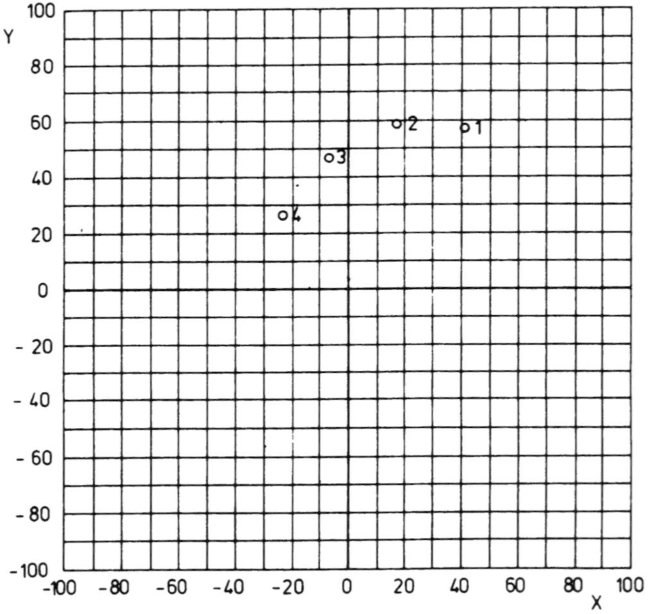

AUSGABE DER WERTE IN
LAENGENEINHEITEN (LE)

LAGE	XC	YC
1	40.40	57.18
2	16.68	58.74
3	-6.48	46.35
4	-23.33	25.95
5		

BENUTZUNGS-HINWEIS: + DAS TRACKING-CROSS IST IN EINE NEUE LAGE ZU BRINGEN.

Bild 48

LAGENZUORDNUNG VIERGLIEDRIGER EBENER KURBELGETRIEBE

PROGRAMMSCHRITT: EINGABE DER RELATIVEN KURBELWINKEL

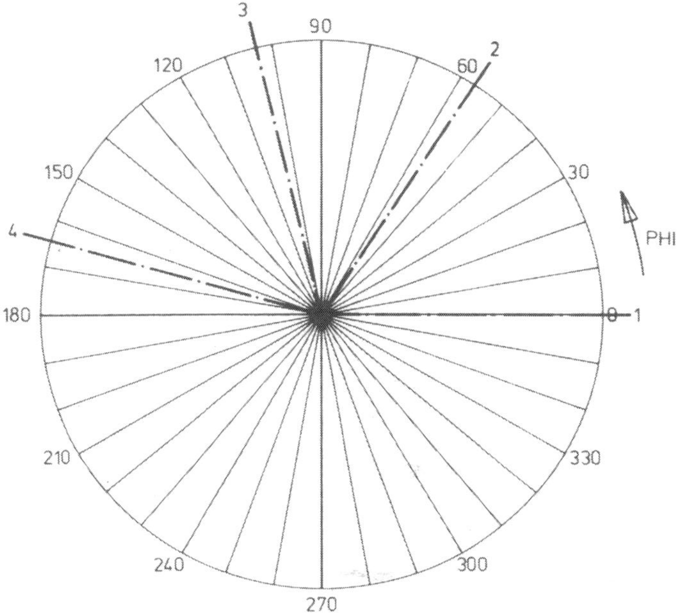

ERLAEUTERUNGEN

BRINGT MAN DAS TRACKING-CROSS IN EINE BELIEBIGE LAGE, SO LEGT DIE VERBINDUNGS-LINIE DIESER LAGE MIT DEM URSPRUNG DES WINKELRASTERS DIE EINGEGEBENE KURBELSTELLUNG FEST.

AUSGABE DER WERTE IN GRAD

LAGE	PHI	DELTA-PHI
1	0.0	57.0
2	57.0	46.5
3	103.5	61.0
4	164.5	
5		

BENUTZUNGS-HINWEIS: ✛ DAS TRACKING-CROSS IST IN EINE NEUE LAGE ZU BRINGEN.

Bild 49

Kurbelstellungen maßgebend sind, wird in einer Tabelle neben dem Lagenwinkel PHI auch die Winkeldifferenz DELTA-PHI aufgeführt.

Bild 50 : Die Lösungssuche setzt erst ein, wenn der zulässige Bereich der Kurbellänge L1 festgelegt worden ist. Zu diesem Zweck erscheint auf dem Bildschirm eine Zahlenskala, auf der die Grenzen der Kurbellänge nacheinander mit Lichtstift und TRACKING-CROSS zu markieren sind.

Bild 51 : Die ersten Zwischenergebnisse sind Diagramme, die die Abhängigkeiten des Fehlerkriteriums DM und der Länge L5 von der Kurbellänge L1 darstellen. Ein kleiner Zahlenwert der Fehlergröße DM garantiert eine gute Einhaltung der vorgegebenen 5 Punktlagen. Die Länge L5 beschreibt den Abstand des Koppelpunktes C vom Gelenkpunkt A. Die Suche nach einer hinsichtlich DM und L5 optimalen Kurbellänge L1 kann durch die Spreizung eines Teilbereiches der Abszisse erleichtert werden. Zu diesem Zweck sind die neuen Grenzen der Kurbellänge graphisch einzugeben, wie dies bereits in Bild 50 beschrieben wurde. Als Bezugsskala dient die dargestellte Abszisse der Diagramme. Im aktuellen Fall empfiehlt es sich, den Bereich $18 < L1 < 22$ genauer zu untersuchen.

Bild 52 : Der gespreizte Bereich - eingegeben wurden die Grenzen 18.30 und 22.30 - zeigt zwei ausgeprägte Minima der Fehlergröße DM. Der Benutzer muß sich für eine der beiden möglichen optimalen Kurbellängen entscheiden und diese für den weiteren Rechenablauf festlegen.

Bild 53 : Die Eingabe der geeigneten Kurbellänge - im Beispiel wurde L1 = 21.08 gewählt - geschieht wieder durch die Positionierung des TRACKING-CROSSES. Alle in Abhängigkeit von L1 errechenbaren Getriebegrößen werden auf dem Bildschirm an der dafür vorgesehenen Stelle ausgegeben; sie können vom Benutzer akzeptiert oder verworfen werden.

LAGENZUORDNUNG VIERGLIEDRIGER EBENER KURBELGETRIEBE

PROGRAMMSCHRITT : ZULAESSIGE GRENZWERTE DER KURBELLAENGE

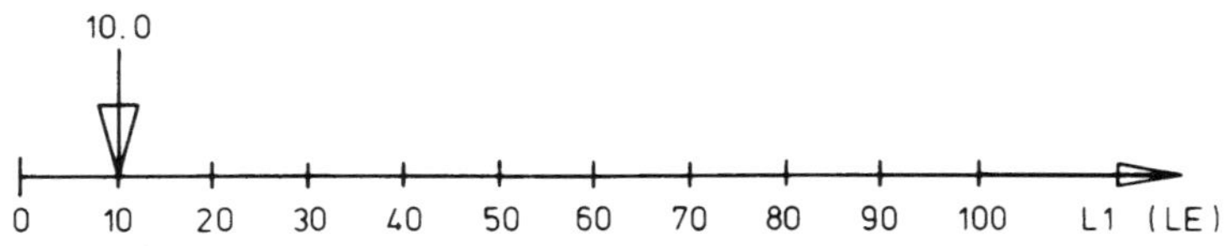

ERLAEUTERUNGEN

DIE GRENZEN VON L1 WERDEN DURCH DIE EINGABE VON ZWEI ZAHLENWERTEN FESTGELEGT.

LAENGENEINHEIT (LE) IST DIE BEI DER EINGABE DER PUNKTLAGEN ZUGRUNDE-GELEGTE EINHEIT.

```
10.0
 ├──▷──┼────┼────┼────┼────┼────┼────┼────┼────┼────┼──▶ L1 (LE)
 0    10   20   30   40   50   60   70   80   90  100
```

BENUTZUNGS-HINWEIS : ┼ DAS TRACKING-CROSS IST IN EINE NEUE LAGE ZU BRINGEN.

Bild 50

LAGENZUORDNUNG VIERGLIEDRIGER EBENER KURBELGETRIEBE

PROGRAMMSCHRITT: AUSGABE DER FEHLERGROESSE DM UND DER LAENGE L5

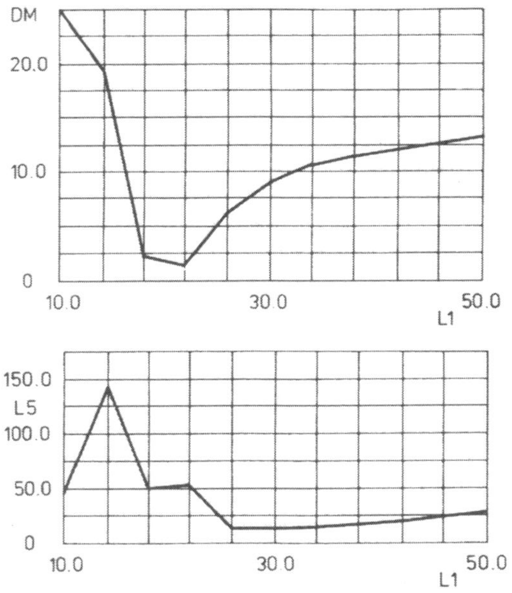

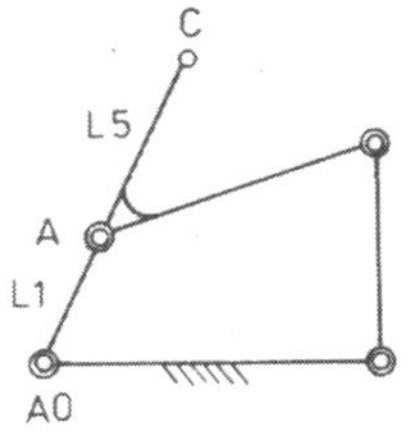

ERLAEUTERUNGEN

DIE EINGEGEBENEN PUNKTLAGEN WERDEN EXAKT ERREICHT, FALLS DM NULL WIRD.

ALTERNATIVEN

* A) SPREIZUNG EINES TEILBEREICHES DER ABSZISSE
  B) EINGABE EINES GEEIGNETEN ABSZISSENWERTES
  C) PROGRAMM - ABBRUCH

BENUTZUNGS-HINWEIS: DIE GEWUENSCHTE ALTERNATIVE IST ZU PICKEN.

Bild 51

LAGENZUORDNUNG VIERGLIEDRIGER EBENER KURBELGETRIEBE

PROGRAMMSCHRITT: AUSGABE DER FEHLERGROESSE DM UND DER LAENGE L5

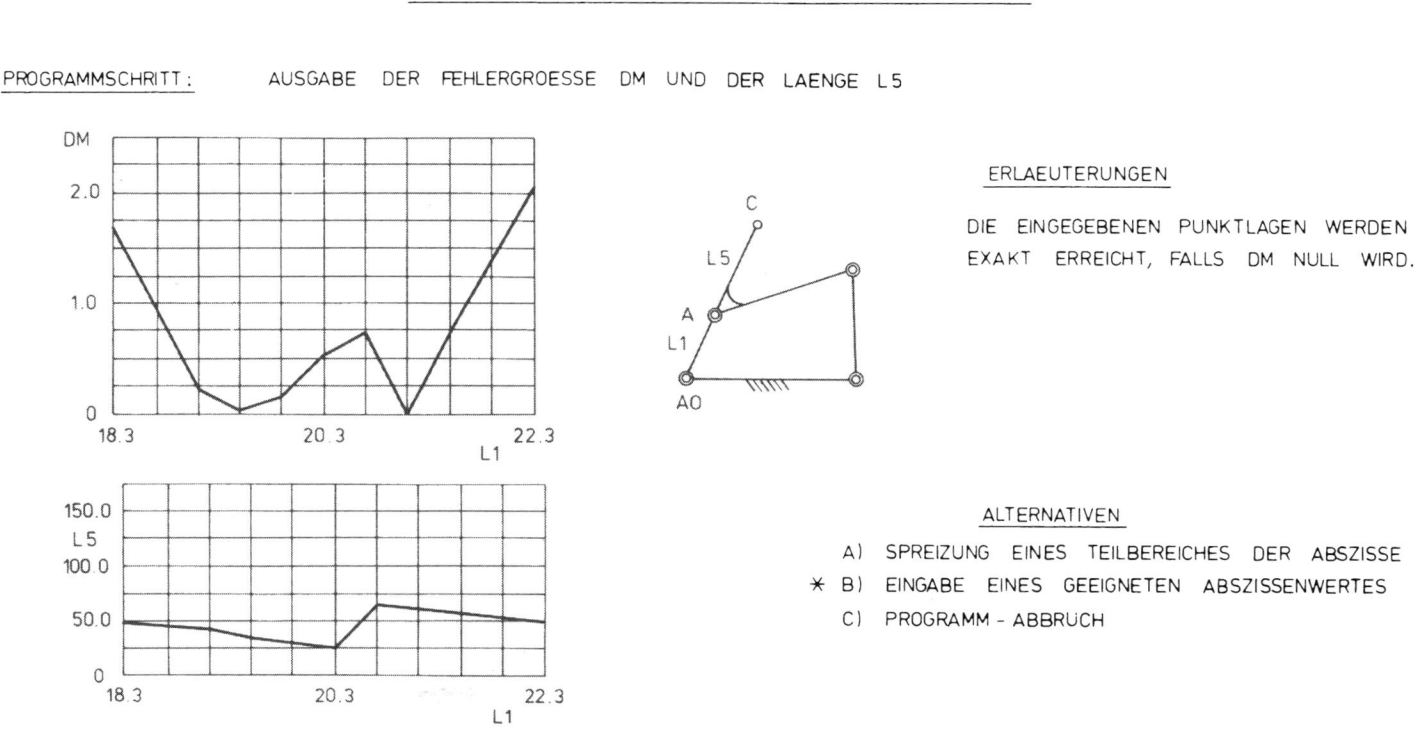

ERLAEUTERUNGEN

DIE EINGEGEBENEN PUNKTLAGEN WERDEN EXAKT ERREICHT, FALLS DM NULL WIRD.

ALTERNATIVEN

A) SPREIZUNG EINES TEILBEREICHES DER ABSZISSE
* B) EINGABE EINES GEEIGNETEN ABSZISSENWERTES
C) PROGRAMM - ABBRUCH

Bild 52

BENUTZUNGS-HINWEIS: DIE GEWUENSCHTE ALTERNATIVE IST ZU PICKEN.

LAGENZUORDNUNG VIERGLIEDRIGER EBENER KURBELGETRIEBE

PROGRAMMSCHRITT: EINGABE EINER GEEIGNETEN KURBELLAENGE

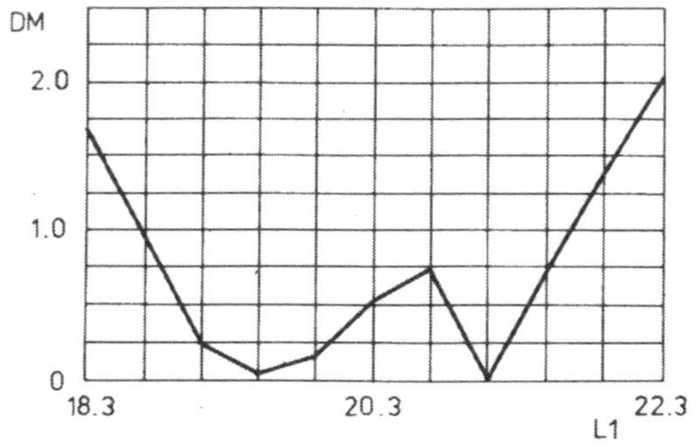

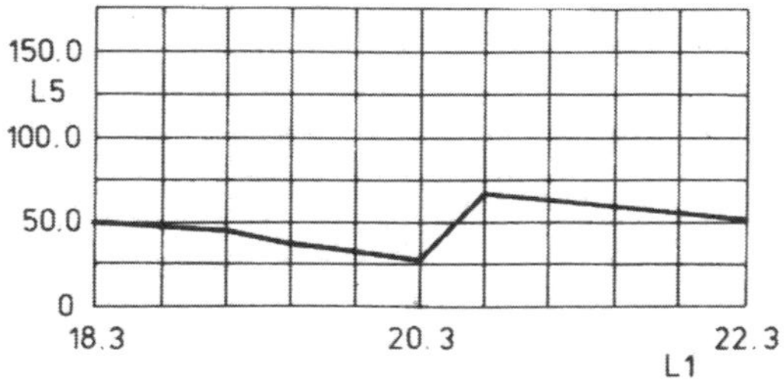

ERLAEUTERUNGEN

NACH DER POSITIONIERUNG DES TRACKING-CROSSES WIRD DER ABSZISSENWERT ALS NEUE KURBELLAENGE BENUTZT.

AUSGABE DER ERRECHNETEN WERTE

L1 = LE
L5 = LE
XA0 = LE
YA0 = LE
PHI 1 = GRAD
DM = LE

BENUTZUNGS-HINWEIS: ╅ DAS TRACKING-CROSS IST IN EINE NEUE LAGE ZU BRINGEN.

Bild 53

Im ersteren Fall wird der Programmablauf fortgesetzt, im letzteren Fall erwartet der Rechner die neue Eingabe eines Abszissenwertes.

Bild 54 : Anhand einer Systemskizze wird dargestellt, welche Größe und welche Lage der bisher ermittelte Getriebeteil in der Kurbelstellung 1 einnimmt. Entspricht die Teillösung nicht den Erwartungen des Konstrukteurs, dann ist ein Rücksprung zu Bild 51 möglich. Sagt ihm das gefundene Zwischenergebnis zu, so führt die Wahl der Alternative B) zur Ermittlung weiterer Getriebeabmessungen.

Bild 55 : Die Grundlage der folgenden Berechnungen bildet eine Rechengröße F, die so vom Benutzer behandelt werden sollte, wie zuvor die Kurbellänge L1 in den Bildern 51, 52 und 53. Die Anfangsgrenzen dieser Rechengröße F werden rechnerintern festgelegt. Es folgt die graphische Ausgabe der Funktionen DM(F) und MYMIN (F). DM stellt eine neue Fehlergröße dar, deren Zahlenwert ebenfalls sehr klein werden sollte, wenn auf eine genaue Erfüllung der 5 Punktlagen wertgelegt wird. Der kleinste Uebertragungswinkel MYMIN sollte möglichst groß ausfallen, damit neben der Funktionserfüllung auch gute Laufeigenschaften des Getriebes sichergestellt sind. Es ist somit der Wert F zu suchen, der den günstigsten Kompromiß bezüglich DM und MYMIN darstellt.

Bild 56 : Wie in Bild 53, so muß auch hier der gewählte Abszissenwert durch die Positionierung des TRACKING-CROSSES festgelegt werden, damit die restlichen Getriebeabmessungen berechnet und numerisch auf dem Bildschirm dargestellt werden können. Finden die ausgegebenen Zahlenwerte nicht die Zustimmung des Benutzers, so kann durch Eingabe eines neuen Abszissenwertes eine Korrektur der Ergebnisse vorgenommen werden, anderenfalls wird der Programmablauf fortgesetzt.

Bild 57 : Aufbauend auf die errechneten Werte erscheint schließlich das vollständige Getriebe auf dem Bildschirm.

LAGENZUORDNUNG VIERGLIEDRIGER EBENER KURBELGETRIEBE

PROGRAMMSCHRITT : DARSTELLUNG DES ZWISCHENERGEBNISSES

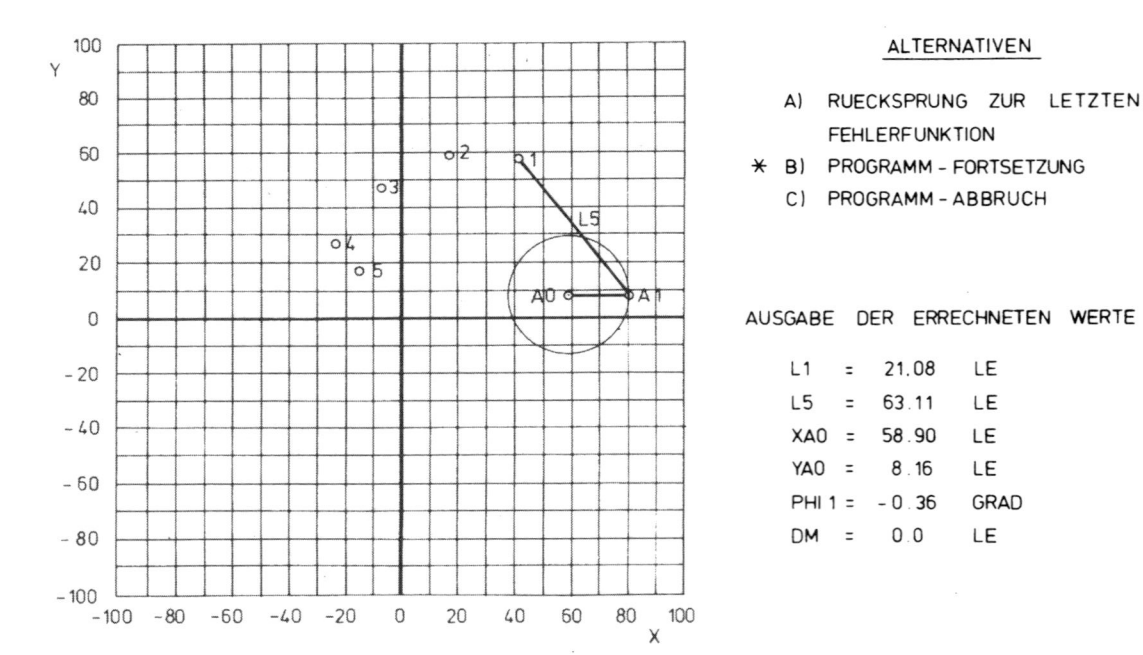

ALTERNATIVEN

A) RUECKSPRUNG ZUR LETZTEN
   FEHLERFUNKTION
* B) PROGRAMM - FORTSETZUNG
C) PROGRAMM - ABBRUCH

AUSGABE DER ERRECHNETEN WERTE

L1   = 21.08   LE
L5   = 63.11   LE
XA0 = 58.90   LE
YA0 =   8.16   LE
PHI1 = -0.36   GRAD
DM   =   0.0   LE

BENUTZUNGS-HINWEIS : DIE GEWUENSCHTE ALTERNATIVE IST ZU PICKEN.

Bild 54

LAGENZUORDNUNG VIERGLIEDRIGER EBENER KURBELGETRIEBE

PROGRAMMSCHRITT: AUSGABE DER FEHLERGROESSE DM UND DES MINIMALEN UEBERTRAGUNGSWINKELS

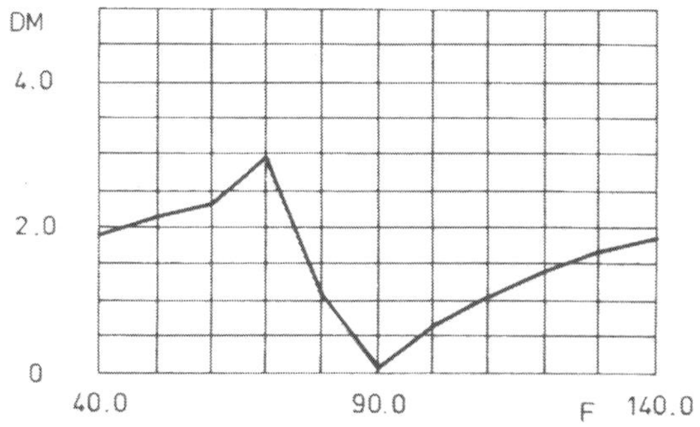

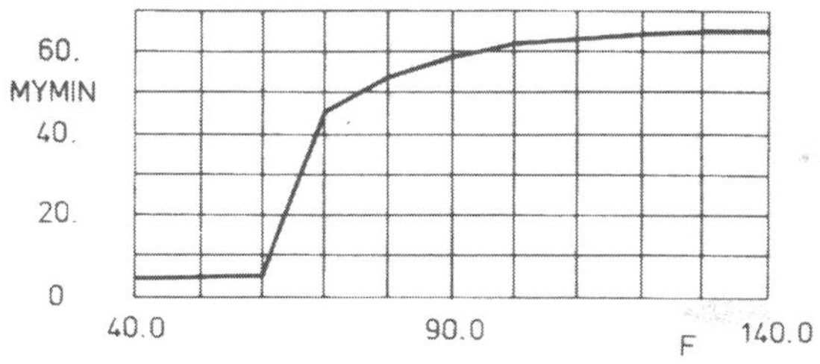

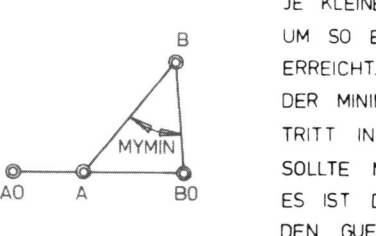

ERLAEUTERUNGEN

JE KLEINER DIE FEHLERGROESSE DM IST, UM SO BESSER WERDEN DIE PUNKTLAGEN ERREICHT.

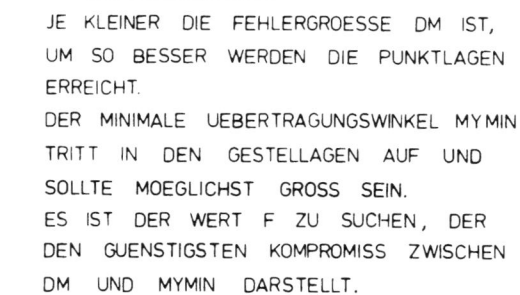

DER MINIMALE UEBERTRAGUNGSWINKEL MYMIN TRITT IN DEN GESTELLAGEN AUF UND SOLLTE MOEGLICHST GROSS SEIN.

ES IST DER WERT F ZU SUCHEN, DER DEN GUENSTIGSTEN KOMPROMISS ZWISCHEN DM UND MYMIN DARSTELLT.

ALTERNATIVEN

   A) SPREIZUNG EINES TEILBEREICHES DER ABSZISSE
* B) EINGABE EINES GEEIGNETEN ABSZISSENWERTES
   C) PROGRAMM - ABBRUCH

BENUTZUNGS - HINWEIS : DIE GEWUENSCHTE ALTERNATIVE IST ZU PICKEN.

Bild 55

LAGENZUORDNUNG VIERGLIEDRIGER EBENER KURBELGETRIEBE

PROGRAMMSCHRITT: EINGABE DES OPTIMALEN WERTES DER GROESSE F

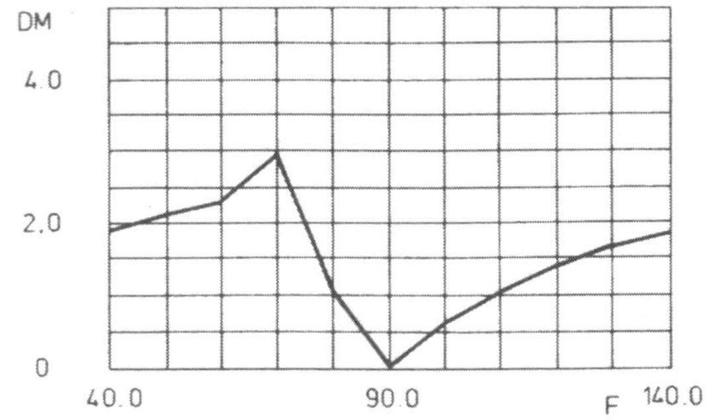

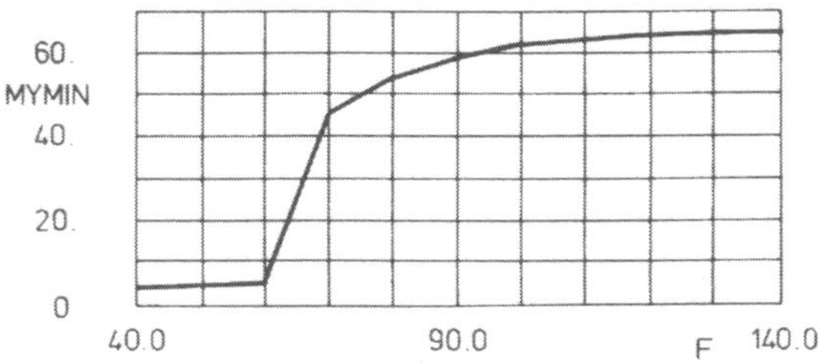

ERLAEUTERUNGEN

NACH DER POSITIONIERUNG DES TRACKING-CROSSES WIRD DER ABSZISSENWERT ALS RECHEN-GROESSE F ZUGRUNDEGELEGT.

AUSGABE DER ERRECHNETEN WERTE

L0 = L4	=	LE
L1	=	LE
L2	=	LE
L3	=	LE
L5	=	LE
XB0	=	LE
YB0	=	LE
PHI 1	=	GRAD
MYMIN	=	GRAD
DM	=	LE

BENUTZUNGS-HINWEIS: $+$ DAS TRACKING-CROSS IST IN EINE NEUE LAGE ZU BRINGEN.

Bild 56

LAGENZUORDNUNG VIERGLIEDRIGER EBENER KURBELGETRIEBE

PROGRAMMSCHRITT.: SYSTEMSKIZZE DES ERMITTELTEN GETRIEBES

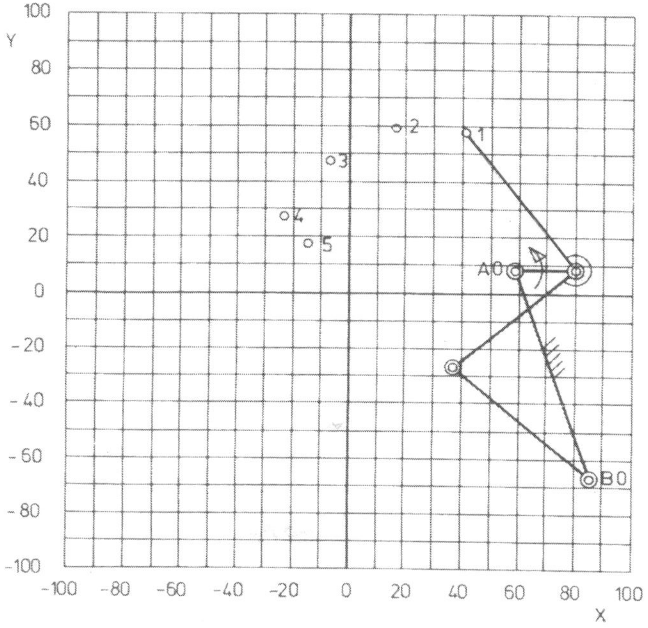

ALTERNATIVEN

A) RUECKSPRUNG ZUR LETZTEN FEHLERFUNKTION
B) DARSTELLUNG DES BEWEGUNGSABLAUFES
C) DARSTELLUNG EINES ERSATZGETRIEBES
*D) PROGRAMMENDE

AUSGABE DER ERRECHNETEN WERTE

L0 = L4	=	80.13	LE
L1	=	21.08	LE
L2	=	55.63	LE
L3	=	63.35	LE
L5	=	63.11	LE
XB0	=	85.89	LE
YB0	=	-67.30	LE
PHI1	=	-0.36	GRAD
MYMIN	=	59.14	GRAD
DM	=	0.0	LE

BENUTZUNGS-HINWEIS: DIE GEWUENSCHTE ALTERNATIVE IST ZU PICKEN.

Bild 57

Auf Wunsch kann die Bewegung des Getriebes simuliert werden, wobei der Antriebswinkel schrittweise den Bereich von 0 bis 360° durchläuft. Durch die Wahl der Alternative C) läßt sich ein nach dem Satz von Roberts zu errechnendes Ersatzgetriebe sichtbar machen.

Zeigten sich in Bild 55 mehrere geeignete Abszissenwerte F, so kann durch Wahl der Alternative A) der Rücksprung zu Bild 56 veranlaßt werden. Somit ist die Möglichkeit gegeben, eine weitere Lösung zu untersuchen.

Die Alternative D) führt zum ordnungsgemäßen Abschluß des Programmablaufes.

Abschließend ist anzumerken, daß der Arbeitsplatz an der Rechenanlage CD1700 zur Behandlung des vorgeführten Beispiels insgesamt etwa eine halbe Stunde belegt wurde.

5. Ausblick

Die Futurologen prophezeien, daß in den nächsten Jahrzehnten ein großer Teil des technischen Wissens in Computerprogrammen gespeichert sein wird. Der vorliegende Forschungsbericht liefert dazu einen Mosaikstein auf dem Gebiet der Getriebetechnik, speziell der kinematischen Synthese ungleichförmig übersetzender Getriebe.

Der Ingenieur wird ausgetestete Rechnerprogramme in Zukunft so mitbenutzen, wie er bisher bewiesene Lehrsätze der Mathematik verwendet hat, ohne die Beweise alle noch einmal selbst zu vollziehen. Die Befürchtung manch eines Ingenieurs, er könne zum stumpfsinnigen Fütterer von Computern werden, ist wohl nicht gerechtfertigt, da sich ihm immer wieder neue anspruchsvolle Aufgaben stellen werden und er bei den hier behandelten Programmen für dialogfähige Rechner in den wesentlichen Entscheidungsprozeß eingespannt bleibt. Die Rechnerprogramme sind neben den gewohnten Büchern nichts anderes als neue Speicher, die es gestatten, durch ihren systematischen Aufbau schnell und zielsicher technisch und wirtschaftlich bestmögliche Lösungen zu finden. Wie eingangs erläutert, ist dies aus Rationalisierungsgründen unbedingt erforderlich.

Auf dem Gebiet der Getriebetechnik ist die Schaffung funktionsorientierter Speicher in Form von Rechnerprogrammen oder auch Lösungskatalogen besonders angebracht. Wenn nämlich experimentelle Lösungswege, die früher häufig beschritten wurden, heute den Anforderungen nicht mehr genügen, sind die dann zu benutzenden theoretischen Verfahren der Kinematik meist recht kompliziert und zeitaufwendig. Hinzu kommt, daß die Ausbildung der Ingenieure in dieser Hinsicht im allgemeinen nicht ausreichend ist.

Der vorliegende Forschungsbericht behandelt als Ausgangsbasis ein Programmsystem zur Verwirklichung der Grundfunktionen viergliedriger ebener Kurbelgetriebe. Diese Getriebe werden wegen ihrer geringen Gliederzahl vielfach verwendet. Ihre Möglichkeiten, kinematische Forderungen zu erfüllen, sind jedoch begrenzt. Werden besondere Uebertragungsfunktionen oder komplizierte Lagenzuordnungen gewünscht, müssen Getriebe mit größeren Gliederzahlen eingesetzt werden. Es wird deshalb eine Erweiterung des Programmsystems auf mehrgliedrige ebene Kurbelgetriebe und Kombinationen von ebenen Kurbel-, Kurven- und Rädergetrieben, ferner die Einbeziehung der sphärischen und räumlichen Getriebe notwendig werden.

Die aktive Bildschirmeinheit stellt eines der komfortabelsten Hilfsmittel für den Konstrukteur dar. Abgesehen von einzelnen Ausnahmefällen steht ein solches teueres Gerät den meisten Firmen nicht zur Verfügung, in vielen kleineren und mittleren Firmen noch nicht einmal ein Großrechner. Trotzdem sollten jetzt schon Forschungsarbeiten der vorstehend beschriebenen Art durchgeführt werden, damit, wenn einmal die Hardware in genügendem Umfang in den Firmen zur Verfügung steht, auch rechtzeitig die notwendige Software vorhanden ist. Außerdem können die Programme für die Bildschirmeinheit leicht für Großrechner und die in zunehmendem Maße eingesetzten Tischrechner umgeschrieben werden. Wenn dabei auch einige Abstriche im Bedienungskomfort und eine Zunahme der Rechenzeit in Kauf genommen werden müssen, so bleibt der eigentliche Wert der Rechenprogramme dennoch erhalten. Im übrigen besteht die Möglichkeit, sowohl die Rechner als auch die Programme in einer Zusammenarbeit zwischen der Industrie und den Hochschulinstituten intensiv zu nutzen.

6. Literatur

[1] Baatz, U.: Bildschirmunterstütztes Konstruieren. Düsseldorf: VDI-Verlag 1973.

[2] Hain, K.: Getriebebeispiel-Atlas. Eine Zusammenstellung ungleichförmig übersetzender Getriebe für den Konstrukteur. Düsseldorf: VDI-Verlag 1973.

[3] Ihme, W.: Ein Beitrag zur Ermittlung der Abmessungen von Gelenkgetrieben, dargestellt an Beispielen aus dem Textilmaschinenbau. Dissertation, T.U. Dresden 1967.

[4] Meyer zur Capellen, W.: Konstruktion von Viergelenkgetrieben mit zeitweise linearem Abtriebsgesetz.
Teil I: Ind.-Anz. 92 (1970) Nr. 80, S. 1879/83.
Teil II: Ind.-Anz. 92 (1970) Nr. 89, S. 2102/06.

[5] Rasenberger, O.: Koppelrastgetriebe hoher Güte. Maschinenmarkt 76 (1970) Nr. 31, S. 632/34.

[6] Volmer, J. und Autorenkollektiv: Getriebetechnik-Aufgabensammlung. Berlin: VEB Verlag Technik 1972.

[7] Dittrich, G.: Vorlesung Höhere Getriebelehre an der RWTH Aachen. Als Manuskript gedruckt 1973.

[8] Hain, K.: Angewandte Getriebelehre. Düsseldorf: VDI-Verlag 1961.

[9] Alt, H.: Der Uebertragungswinkel und seine Bedeutung für das Konstruieren periodischer Getriebe. Werkstattechnik 26 (1932) S. 61/64.

[10] Dizioğlu, B.: Getriebelehre. Band 2, Maßbestimmung. Braunschweig: Vieweg 1967.

[11] Hain, K.: Atlas für Getriebekonstruktionen (Textteil und Tafelteil). Braunschweig: Vieweg 1972.

[12] Hrones, J.A., Nelson, G.L.: Analysis of the four-bar linkage. New York: The Technology Press of M.I.T. and J. Wiley and Sons 1951.

[13] AWF-VDMA-Getriebeblatt 692. Ausbildung von Kurbelgetrieben für vorgeschriebene Bedingungen. Beyer, R. (1957).

[14] Koller, R.: Nachbildung vorgegebener Funktionen mittels Koppelkurven von Viergelenkgetrieben. Konstruktion 20 (1968) Nr. 9, S. 354/57.

[15] Kracke, J.: Maßbestimmung ebener viergliedriger Kurbelgetriebe für die Sonderfälle von vier Uebereinstimmungen. Dissertation, T.U. Braunschweig 1972.

[16] Lichtenheldt, W.: Konstruktionslehre der Getriebe. Berlin: Akademie-Verlag 1961.

[17]   L o h s e , P. : Neue Wege in der Getriebesynthese.

Teil 1: Die Grundlagen der neuen Synthese. Feinwerktechnik 74 (1970) Nr. 8, S. 331/40.

Teil 2: Die Konstruktion von Getrieben für gegebene Kurven. Feinwerktechnik 74 (1970) Nr. 9, S. 396/401 und Nr. 10, S. 436/44.

Teil 3: Die Konstruktion von Getrieben für gegebene Gliederbewegungen-Führungsgetriebe. Feinwerktechnik 74 (1970) Nr. 11, S. 466/70.

Teil 4: Die Konstruktion von Getrieben für gegebene Gliedlagen-Zuordnungen-Uebertragungsgetriebe. Feinwerktechnik 75 (1971) Nr. 2, S. 71/85.

Teil 5: Die Konstruktion von Verstellgetrieben. Feinwerktechnik 75 (1971) Nr. 3, S. 119/27.

[18]   V o l m e r , J. und Autorenkollektiv: Getriebetechnik-Lehrbuch. Berlin: VEB Verlag Technik 1969.

[19]   M e y e r z u r C a p e l l e n , W.: Zur Theorie der Bahnkurvenrastgetriebe. Konstruktion 15 (1963) Nr. 10, S. 389/92.

[20]   M e y e r z u r C a p e l l e n , W., J a n s s e n , B.: Spezielle Koppelkurvenrast- und Schaltgetriebe. Forschungsbericht Nr. 1226 des Landes Nordrhein-Westfalen. Köln und Opladen: Westdeutscher Verlag 1964.

[21]   B a u m , M., E n g e l s k i r c h e n , W.-H., L a c o s t e , J.-P.: Digigraphic- ein Bildschirmsystem an der Rheinisch-Westfälischen Technischen Hochschule Aachen. TZ für prakt. Metallbearb. 64 (1970) Nr. 4, S. 199/204.

[22]   H e i n z , W.: Einführung in das Programmieren an einer Rechenanlage CD 1700 mit aktivem Bildschirm.
Aachen, Rechenzentrum der RWTH Aachen.

[23]   T h ü n k e r , N.: Rechnerunterstützte Getriebesynthese zur Ausnutzung aller technischen Grundfunktionen viergliedriger ebener Kurbelgetriebe. Dissertation, RWTH Aachen 1974.

[24]   B u r m e s t e r , L.: Lehrbuch der Kinematik. Leipzig: Felix 1888.

[25]   C e r k u d i n o v , S.A.: Zur Theorie der Burmesterschen Kurven und Punkte. Im Buch: Analyse und Synthese der Mechanismen. Moskau: Staatlich-wissenschaftlicher technischer Verlag für Maschinenbau 1960.

[26]   C l a u s s e n , U.: Ueber die Mittelpunktkurve und ihre Sonderfälle. Abhandlungen der Braunschweigischen Wissensch. Gesellschaft 17 (1965) S. 62/96.

[27]   L u c k , K.: Zur rechnerischen Ermittlung der Abmessungen von ebenen Gelenkgetrieben. Dissertation, T. U. Dresden 1959.

[28] Hackmüller, E.: Eine analytisch durchgeführte Ableitung der Kreispunkt- und Mittelpunktkurve. ZAMM 18 (1938) S. 252/54.

[29] Luck, K.: Zur rechnerischen Ermittlung der Abmessungen von ebenen Gelenkgetrieben. Maschinenbautechnik 10 (1961) Nr. 6, S. 323/32.

[30] Meyer zur Capellen, W., Rischen, K.-A.: Lagenzuordnung an ebenen Viergelenkgetrieben in analytischer Darstellung. Forschungsbericht Nr. 923 des Landes Nordrhein-Westfalen. Köln und Opladen: Westdeutscher Verlag 1961.

[31] Modler, K.-H.: Rechentechnische Erfassung der Burmesterschen Mittelpunktkurve. Maschinenbautechnik 20 (1971) Nr. 10, S. 471/74

[32] Sieker, K.-H.: Algebraische Formulierung der Mittelpunkt- und Kreispunktkurve und die rechnerische Ermittlung der Burmesterschen Punkte. Ingenieur-Archiv XXXI. Band (1962) S. 79/84.

[33] Sieker, K.-H.: Analytische Betrachtung des Gelenkvierecks, insbesondere der Burmesterschen Punkte. VDI-Berichte Bd. 5 (1955) S. 55/60.

[34] Bronstein, I.N., Semendjajew, K.A.: Taschenbuch der Mathematik. 12. Aufl. Leipzig: Teubner 1973.

[35] Bloch, S.Sch.: Angenäherte Synthese von Mechanismen. (Wiedergabe, Anwendung und Entwicklung der Methoden des Akademikers P.L. Tschebyschew). Berlin: Verlag Technik 1951.

[36] Nooß, W.: Automatische Synthese von Viergelenkgetrieben durch Digitalrechner. Feinwerktechnik 75 (1971) Nr. 4, S. 165/68.

[37] Lohse, P.: Polkurven als Hilfsmittel zur Konstruktion von Kurbelgetrieben. Maschinenbautechnik 12 (1963) Nr. 7, S. 379/80.

[38] Meyer zur Capellen, W.: Bemerkungen zum Satz von Roberts über die dreifache Erzeugung der Koppelkurve. Konstruktion 8 (1956) Nr. 7, S. 268/70.

[39] Lichtenheldt, W.: Einfache Konstruktionsverfahren zur Ermittlung der Abmessungen in Kurbelgetrieben. VDI-Forschungsheft 408, Berlin: VDI-Verlag 1941.

[40] Ludwig, F.: Ein Beitrag zur Maßsynthese ebener Koppelgetriebe. Dissertation, T.H. Berlin 1943.

[41] Kiper, G.: Synthese der ebenen Gelenkgetriebe. VDI-Forschungsheft Nr. 433, Düsseldorf 1952.

[42] Beyer, R.: Kinematische Getriebesynthese. Berlin, Göttingen, Heidelberg: Springer 1953.

[43] Dobrowolski, W.W.: Theorie der Mechanismen zur Konstruktion ebener Kurven. Berlin: Akademie-Verlag 1957.

[44]   Rankers, H.: Angenäherte Getriebesynthese durch harmonische Analyse der vorgegebenen periodischen Bewegungsverhältnisse. Dissertation, RWTH Aachen 1958.

[45]   Bögelsack, G.: Ueber durchlauffähige Koppelgetriebe für drei relative Lagenzuordnungen. Maschinenbautechnik 17 (1968) Nr. 5, S. 275/79.

[46]   Brat, V.: Zur Problematik der Getriebesynthese. Maschinenmarkt 76 (1970) Nr. 94, S. 2157/63.

[47]   Israel, R.: Ein Beitrag zur rechnergestützten Synthese von ebenen Koppelgetrieben. Dissertation, T.U. Dresden 1972.

[48]   Willkommen, W.W.: Konstruktion von Getrieben nach vorgegebenem Bewegungsgesetz mit Unterstützung elektronischer Datenverarbeitungsanlagen. Dissertation, RWTH Aachen 1973.

Forschungsberichte des Landes Nordrhein-Westfalen

Herausgegeben im Auftrage des Ministerpräsidenten Heinz Kühn
vom Minister für Wissenschaft und Forschung Johannes Rau

Sachgruppenverzeichnis

Acetylen · Schweißtechnik
Acetylene · Welding gracitice
Acétylène · Technique du soudage
Acetileno · Técnica de la soldadura
Ацетилен и техника сварки

Arbeitswissenschaft
Labor science
Science du travail
Trabajo científico
Вопросы трудового процесса

Bau · Steine · Erden
Constructure · Construction material · Soilresearch
Construction · Matériaux de construction · Recherche souterraine
La construcción · Materiales de construcción · Reconocimiento del suelo
Строительство и строительные материалы

Bergbau
Mining
Exploitation des mines
Minería
Горное дело

Biologie
Biology
Biologie
Biologia
Биология

Chemie
Chemistry
Chimie
Quimica
Химия

Druck · Farbe · Papier · Photographie
Printing · Color · Paper · Photography
Imprimerie · Couleur · Papier · Photographie
Artes gráficas · Color · Papel · Fotografía
Типография · Краски · Бумага · Фотография

Eisenverarbeitende Industrie
Metal working industry
Industrie du fer
Industria del hierro
Металлообрабатывающая промышленность

Elektrotechnik · Optik
Electrotechnology · Optics
Electrotechnique · Optique
Electrotécnica · Optica
Электротехника и оптика

Energiewirtschaft
Power economy
Energie
Energia
Энергетическое хозяйство

Fahrzeugbau · Gasmotoren
Vehicle construction · Engines
Construction de véhicules · Moteurs
Construcción de vehiculos · Motores
Производство транспортных средств

Fertigung
Fabrication
Fabrication
Fabricación
Производство

Funktechnik · Astronomie
Radio engineering · Astronomy
Radiotechnique · Astronomie
Radiotécnica · Astronomía
Радиотехника и астрономия

Gaswirtschaft
Gas economy
Gaz
Gas
Газовое хозяйство

Holzbearbeitung
Wood working
Travail du bois
Trabajo de la madera
Деревообработка

Hüttenwesen · Werkstoffkunde
Metallurgy · Materials research
Métallurgie · Matériaux
Metalurgia · Materiales
Металлургия и материаловедение

Kunststoffe
Plastics
Plastiques
Plásticos
Пластмассы

Luftfahrt · Flugwissenschaft
Aeronautics · Aviation
Aéronautique · Aviation
Aeronáutica · Aviación
Авиация

Luftreinhaltung
Air-cleaning
Purification de l'air
Purificación del aire
Очищение воздуха

Maschinenbau
Machinery
Construction mécanique
Construcción de máquinas
Машиностроительство

Mathematik
Mathematics
Mathématiques
Matemáticas
Математика

Medizin · Pharmakologie
Medicine · Pharmacology
Médecine · Pharmacologie
Medicina · Farmacologia
Медицина и фармакология

NE-Metalle
Non-ferrous metal
Metal non ferreux
Metal no ferroso
Цветные металлы

Physik
Physics
Physique
Física
Физика

Rationalisierung
Rationalizing
Rationalisation
Racionalización
Рационализация

Schall · Ultraschall
Sound · Ultrasonics
Son · Ultra-son
Sonido · Ultrasónico
Звук и ультразвук

Schiffahrt
Navigation
Navigation
Navegación
Судоходство

Textilforschung
Textile research
Textiles
Textil
Вопросы текстильной промышленности

Turbinen
Turbines
Turbines
Turbinas
Турбины

Verkehr
Traffic
Trafic
Tráfico
Транспорт

Wirtschaftswissenschaften
Political economy
Economie politique
Ciencias economicas
Экономические науки

Einzelverzeichnis der Sachgruppen bitte anfordern

Westdeutscher Verlag GmbH
– Auslieferung Opladen –
567 Opladen, Postfach 1620

Printed in Germany
by Amazon Distribution
GmbH, Leipzig